岩波現代文庫

学術 48

R.P.ファインマン

江沢 洋［訳］

物理法則はいかにして発見されたか

岩波書店

岩波現代文庫版訳者はしがき

こんど本書は装いを新たにして岩波現代文庫の一冊として出ることになった。こうして、この本が人々の手に届きやすくなるのは嬉しいことである。

この本には、ファインマン先生の一九六四年と一九六五年の講演が収めてある。そんな話は、もう古いのではないか、と疑う向きもあろうか?

一九六五年の講演は、ノーベル賞受賞の際になされたもので、賞に輝いた彼の業績が学部時代の疑問からいかにして結実するにいたったかを語ったのだから、古い話にはちがいないが、事実の記録として長い命を保っている。その理由は二つあると思う。第一に、果実である量子電磁力学は、ある意味で未だにファインマン路線の上にあるし、その実をつけた枝々——経路積分の方法やファインマン・ダイヤグラムの方法——はいまや基礎物理学の全体に力を発揮しているということ。第二に、彼の自由な発想とその追究の過程が専門外の人々にも強い印象をあたえること。

一九六四年の講演は七章からなる。はじめの六章は、いまの物理学の眼でみても立派に通用する。第四章は「まだだれにもわかりません。謎であります」という言葉で終わっているが、これは未だに謎である。第五章も「この階層を下から上まで貫く経糸を引くことはまだできません」で終わり、第六章にいたっては「量子力学となると、これを本当に理解できている人はいない」という。これらも、残念ながら今日でもそのままだ。

いくらか問題になるのが第七章「新しい法則を求めて」である。ファインマン先生は、注意ぶかく「低いエネルギーの現象については、だいたい分かった。問題は高エネルギー領域にある」といっている(本文二三〇—二三三ページ)。これは、だいたい正しい。しかし、低エネルギーでも一九八〇年頃に量子ホール効果が、一九八六年には高温超伝導体が発見されて、それらの機構はいまだに釈然としない。ほかにも物理のあちこちで新発見が続いている。高エネルギー領域ではクォークを基本粒子として物理学は大きく変わった。

ファインマン先生が「新しい法則を求めて」いろいろ述べたことが今日の眼で見てどれだけ当たっていたか検証するのもおもしろい。先生は、今日を飛び越えてもっともっと先を見ていたように思うが、どうだろうか?

いずれにせよ、講演の後の物理学の発展については——第七章にかぎらず——翻訳の際に訳注を加えたが、こんどの改版の機会にわずかながら手を入れた。翻訳も直し訳者追記も新しくしたが、旧版のために一九八三年に書いた追記もそのまま残すことにした。これら二つの追記は参考文献を並べただけではあるが、文献の表題を見ていただけば、ファインマンが本書の講演をした一九六四年から後の物理学の動きがある程度までお察しいただけるだろうと思う。その上で興味のある文献を読んで下さればよい。

いや、物理を専門に勉強しようとする学生を別にすれば、訳者追記など読まなくても差支えない。物理学の対象は、講演から今日までの間に大きく広がったが、物理法則の性格は——残念ながら——そんなに変わっていないからである。

この本は物理の深さを日常の言葉で語りつくしている。「ファインマンさん」シリーズとは一味ちがう人物を見いだす読者もあるかもしれないが、両者の底をとらわれない自由な精神が——すぐれた腕力に支えられて——貫いているのである。

どうか、ファインマン先生の語り口を心ゆくまで味わってください。

二〇〇一年二月

江沢　洋

訳者はしがき

ここに訳出したのは、ファインマン(Richard P. Feynman)教授の The Character of Physical Law というコーネル大学での講演(一九六四年)と、The Development of the Space-Time View of Quantum Electrodynamics と題するノーベル賞受賞講演(一九六五年)との二つである。いずれも専門家でない一般の聴衆を相手にしたものであるが、前者を物理学の全体としての特徴づけとすれば、後者は教授自身の研究についてのケース・ヒストリーになっており、お互いに相補う関係にある。両者を合わせて『物理法則はいかにして発見されたか』という題をつけてみた。「どうしたら発見できるだろうか」と未来をのぞむ形にしたほうが講演者の姿勢をよりよく表わすことになったかもしれない。

そのことも含めて、ぼくがこの本を訳したく思った理由は、本文を読んでいただけば明瞭になる。要するに、物理というものがどんなに自由でどんなにおもしろいかという話である。それをほかならぬファインマン教授から聞くことができる。

この本に、ファインマン教授の講演中のクローズアップ写真が、本書の三二ページにある一枚しかのらないのは残念なことである。ぼくは幸いにして何度か教授の話を聞く機会に恵まれたが、それこそ物理がおもしろくておもしろくてという顔で話をされる。その身ぶりとともに人を興奮に誘う。失礼を承知のうえで、この上ないエンタテインメントという言葉を使いたくなるくらいである。

一九六五年の夏に、ぼくは、アメリカはコロラド州アスペンの研究所で一カ月ほどファインマン教授と同じ屋根の下で暮らした。このとき教授は講演こそしなかったが、順々に研究室を回って「いま何をやっているのかね?」で始まる道場破りをするのを日課としていた。若い研究者たちはこれを〝ファインマン爆撃〟と呼んだ。その呼び名はともかくとして、教授の楽しそうな笑顔、そして相手もその楽しみに引き込まずにはおかない明るい話しぶりは深く印象に残るものであった。

また、ある日の家族づれのピクニックではこんなこともあった。周囲二〇〇メートルくらいのグラウンドがあって、子供たちが競走をしていた。そこで一人の四歳くらいの子供がファインマン教授に手合せを申し込んだのである。「もし、ぼくが勝ったら五〇セントちょうだい。」教授は子供とともにスタート・ラインに立った。ヨーイ・ドン。子供は走りだした。ファインマン教授は? 後ろ向きに、したがってコースを逆回りに走り始めたものである。いや、走ったというのではない。その背泳ぎのような大仰な身ぶりのおかしかったこと。子供は、しばらく走ってから異常な事態に気づいてベソをかいた。それでもおとなども総出の声援に元気づいて、彼は完走した。そして勝ったのである。教授は後ろ向きに走り続けて、少し遅れて大きな息をしながらゴールに入ってきた。精一杯の努力をして、それで負けた。おとながわざとゆっくり走ってやるのでは競走でないというわけだったのだろうか。

教授の物理学にも、人の意表をつく自由な考え方がある。つねに独自の論理を作り出し、それを正統的のものと対比しては、答が合うのを見て喜ぶといった性向が特に強いように思う。

本書に訳出したような一般講演もさることながら、ファインマン教授の大学における講義も定評がある。ある学生が昨年よこした手紙を一部だけ訳してお目にかけよう。彼はウィスコンシン大学でのぼくのクラスからカリフォルニア工科大学の大学院に進んだのである。

「ファインマンは量子力学を教えていますが、実にまったく良い教師です。教えている内容について真のフィーリングをもっており、さらに、それを学生に伝える能力を備えているからです。数学的な厳密性を気にしすぎるなと折々に警告をします。現代物理の基礎はまだあやふやなものだから、厳密な議論には値しないという意見なのです。このほかにも講義中にたくさんの注意を与えてくださいます。

教科書はありません。ファインマンは、これまでに輻射に関連した摂動論、輻射と粒子の散乱の問題、それに角運動量をやって、いま固体物理の話題に入ったところです。試験はなし。一週に一問ずつ宿題が出て、その合格・不合格の積み重ねで成績がきまります。私はほとんど合格でした。クラスは大人数で、単位をとるのは二〇人ほどですが、そのうえに聴講だけの者が二〇〇人もいます。

ファインマンの講義のほかにはおもしろいものはありません。……」

この本の原著者についての紹介はこのくらいにしよう。物理学の上で、この本でカバーされていない業績も数多いのであるが、それを数え上げてもしかたがないであろう。読者がもし物理の方面に進むことがあれば、いずれ自然とわかってくることである。

ファインマン教授の経歴については、第一部の冒頭にあるコーネル大学総長の紹介に述べられている。訳者の知識で補えるのは、教授が一九一八年にニューヨーク州のロング・アイランドに生まれたことくらいしかない。

教授は一九六五年度のノーベル賞を、朝永振一郎教授とシュヴィンガー教授とともに受けた。その際の朝永教授の受賞講演が著作集の第十巻『量子電気力学の発展』(みすず書房、一九八三年)に収められているので、ぜひ合わせて読んでいただきたい。

なお、第二部は一回の講演ではあるが、かなり長いので、訳者が勝手に小節に分けて見出しをつけた。ここには数式がいくつかでてくるけれども、不案内な読者はこれらを無視して差支えない。講演の内容は、それでも十分に理解できると思う。意味のわからない術語にであったら、索引を利用して第一部のほうにその説明を捜して欲しい。

その索引も訳者が補ったものである。同一の材料が本書のあちこちで繰り返し話題にされている例も多いので、それらを集め考え直してみるためにもこの索引を利用していただけるかと思う。ただし問題の内容を主にしたので、見出しの言葉が本文に出ていない場合もある。

終りに、この翻訳を許諾されたファインマン教授、ノーベル賞受賞講演の翻訳を許可されたノーベル財団に感謝する。講演の生き生きとした、はずむような調子を日本語に移せなかったことについては、読者の方々にもお詫びしなければならない。

ダイヤモンド社の三枝篤文氏には終始お世話になった。厚くお礼を申し上げる。

一九六八年八月

江　沢　洋

Hiroshi Ezawa,

Thank you so very much for translating this so that many more people can read it.

Richard Feynman

1985年8月9日，学習院大学における講演「未来の計算機」の際に．

目　次

第一部　物理法則とは何か

——コーネル大学における講演

序

この第一部を構成している七つの章は、アメリカ合衆国のコーネル大学においてメッセンジャー講演として話されたものである。「物理法則とはどんなものか」について普通の言葉で話してほしいという学生が対象であった。講演は草稿の用意なしに、二、三の覚書きをもとに即席で行なわれた。

メッセンジャー講演は、コーネル大学において一九二四年このかた毎年行なわれてきた。その年に、卒業生であり数学の教授でもあったヒラム・J・メッセンジャーが、世界のどこからでも傑出した人士がコーネルに来て学生に話をしてくださるようにと、その奨励のためにある額の寄付をしたのである。講演のための基金を設けるに当たって、メッセンジャーは「政治、実業および社会的の生活における精神基盤(moral standard)を高めるという特別の目的のために、文化の発展について一連の講演の会を開くこと」という指定をした。

十一月に、著名な物理学者であり教育者であるリチャード・P・ファインマン教授が、一九六四年度の講演のために招かれた。彼は以前コーネルの教授であったが、現在はカリフォルニア工科大学の理論物理学の教授をしている。彼は最近、イギリス王立協会の外人会員に推された。物理法則の現代的な理解に貢献したことで有名であるが、物理学者でない人々をもわくわくさせる語りの名手としても知られている。

この第一部の各章は、満員の聴衆に向かって、ファインマン教授が広い演壇の上を自由に動きまわりながら、表情たっぷりに話された言葉を伝えている。彼が講演者として傑出していることは世界中に認められており、とくに人を興奮に誘う彼の身ぶりは有名である。この本は、テレビで講演を見る視聴者のために、手引きあるいは後の反芻の助けとして役立つことを目的としている。これはけっして物理の教科書ではないけれども、物理の学生は、諸法則のより透徹した理解を捜し求めるとき、彼の論述に大いに啓発されることであろう。

ファインマン教授は、チャネルBBC―1の視聴者には、フィリップ・ダリイ・プロダクションの「物質の核心にせまる人々」や、また彼のすばらしい講演「マイナス三のストレンジネス」によってすでにおなじみである。後者は一九六四年に放送されたが、近来の科学的発見に関する最も魅惑的なプログラムの一つであった。

BBCの科学と特別番組の担当者は、ファインマン教授がメッセンジャー講演を行なうと知って関心をそそられた。その講演はいまチャネルBBC―2を通じ「教育の延長」番組の一部として放映されている。これはボンジが相対論について、ケンドルーが分子生物学について、*モリソンが量子力学について、ポーターが熱力学についてという具合に著名な学者によって行なわれてきた講演のスタイルをうけつぐものである。

あなたが読み始めようとしているこの第一部は、講演の再録であり、科学上の正確を期するためファインマン教授にチェックをしていただいてある。助手のフィオーナ・ホルムズと私とが話し言葉を文字に写し、いま印刷に付した次第である。私どもは、この本があなた方みんなに喜んで迎えられることを願う。リチャード・ファインマンといっしょに仕事をしたことは、教えられることの多い経験であった。私どもは、視聴者も読者もこのプロジェクトから多くを学ぶであろうことを信じている。

一九六五年六月

BBCアウトサイド放送
科学と特別番組の担当プロデューサー
アラン・スリート

BBCは、コーネル大学新聞局に対し写真2の複製許可について、カリフォルニア工科大学には第一講演で用いられた写真および図版の複製許可について感謝する。

ファインマン教授の講演についてもっと詳しく勉強したい学生なら関心があること

と思うのだが、総長の紹介の辞でふれられている教科書がカリフォルニア工科大学から『ファインマン物理学』として出版されていることを申し添える。**

＊（訳注）この講演は「みすず科学ライブラリー」の一冊として翻訳刊行されている。ケンドルー『生命の糸——分子生物学への招待』和田昭允・鈴木由希子訳、みすず書房、一九六八年。

＊＊（訳注）岩波書店から翻訳がでている。ファインマン・レイトン・サンズ共著『ファインマン物理学』全五冊、坪井忠二ほか訳。

講演者の紹介

紳士・淑女諸君、メッセンジャー講演者としてカリフォルニア工科大学教授リチャード・P・ファインマン教授をご紹介するのは私の喜びとするところであります。

ファインマン教授は傑出した理論物理学者でありまして、混乱の中から秩序を見出す多くの業績をあげられました。それは戦後の一時期に物理学がなしとげためざましい発展の大部分に輝かしい足跡を残しております。彼が受けました名誉と賞のうち、私はここで一九五四年のアルバート・アインシュタイン賞のことだけ申しておきましょう。この賞は三年おきに与えられるもので、金メダルと多額の賞金を含んでおります。

ファインマン教授はM・I・Tを卒業し、プリンストンの大学院で学位をとりました。彼は初めプリンストンにおいて、後にはロス・アラモスにおいてマンハッタン計画に参加しました。一九四四年にはコーネルで助教授になりましたが、戦争が終わるまでここに定住はしなかったのです。コーネルでの任命のとき彼についてどんなことが言われたか、それがわかればおもしろいと思いまして、理事会の議事録を捜してみました。しかし任命についてはなんの記録も残っていません。それでも在外許可や給与の増額、昇進について二〇ほどの意見書が残っております。その一つが私には特別に興味がありました。一九四五年の七月三十一日、物理学科の教室主任が文理学部の部長にあててこう書いているのです。「ファインマン教授はとびぬけてすぐれた教育者であり、研究者であります。これだけの人はめったに現われるものではありません。」教室主任はこれだけ傑出した先生に対して年俸三、〇〇〇ドルは低すぎるとして、ファインマン教授の俸給を九〇〇ドル上げることを勧告したわけです。学部長は異常なほどの寛大さを示し、大学の支払能力も考えずに、九〇〇ドルというのを抹消して、一、〇〇〇ドルちょうどに直してしまいました。その当時すでにファインマン教授が高く評価されていたことがおわかりでしょう。ファインマンがコーネルに定着したのは一九四五年。それから彼は、ここの教室で実り多い五年間を過ごしたのであります。一九五〇年にはコーネルを去り、カリフォルニア工科大学に移って現在に至っています。

彼に話していただく前に、もう少し彼について申し上げておきたいと思います。三、四年前に彼はカリフォルニア工科大学で物理学入門の講義を始めました。これは彼の名声に新次元を加える結果になったのですが、その講義が最近、二巻の本として出版されました。物理学に対する清新な入門書であります。

その本の序文に、ファインマンが楽しそうにボンゴ・ドラムをたたいている写真がのっています。カリフォルニア工科大学にいる私の友人が申しますには、彼はときどきロスアンジェルスの夜の盛り場に現われては、ドラマーの仕事をとり上げて代りを相勤めるということです。しかし、ファインマン教授はそれを否定しておられます。もう一つ彼の特技は錠前破りであります。ある伝説によりますと、彼はかつて、ある秘密調査機関の金庫の錠をあけて秘密文書を抜き出し、代りに「だれがやったか当ててごらん」という走り書きを入れてきた。私はまた、彼がブラジルに連続講義をしに行く前、スペイン語を習ったときのお話もしたいのですが、このへんでやめにします。

教授について、背景はこれで十分おわかりになったかと思います。では――

ファインマン教授の里帰りを迎えてたいへんにうれしゅうございます。講演の総題目は「物理法則とはどんなものか」、そして今夜の話題は「重力の法則、物理法則の一例として」であります。

コーネル大学総長
デイル・R・コルソン

1　重力の法則——物理法則の一例として

おかしな話ですが、私、これまでボンゴのドラムをたたけといって公式の場所にひっぱり出されることとまれではなかったのに、司会の方が紹介をなさるときに、私が物理学もやる人間であると言いそえてくださったためしがありません。おそらくは、皆さんが科学などより芸術のほうをもっとたいせつに考えていらっしゃるということでしょう。ルネッサンスの芸術家たちも、人間のおもな関心は人間に向けられるべきだと申しました。しかし、私たちの興味をそそるものはもっとほかにもこの世の中にはあります。芸術家連中だって、太陽の沈むさまを美しいと眺め、大海原がうねり、満天の星が静々とめぐってゆくのを見て賛嘆いたします。ですから、たまにはこうしたことどもを話題にしたっていい道理でしょう。太陽、海のうねり、それから星たちといったものを調べてまいりますとき、観察の段階ですでに私たちはその秩序に感動させられます。しかしまた、自然の営みのなかには、一目では見えずに、分析の目をもってはじめて発見されるリズムとかパターンとかいったものもあります。このようなリズムとかパターンのことを私どもは物理法則とよんでいるわけです。これから一連の講演でお話したいと思っておりますのは、それら物理法則の一般的な性格といったようなことであります。いってみれば、法則それ自身より一段高いレベルからみた、高い次元での一般論です。実際のところ、私の頭にありますのは、詳しい分析の結果として得られた、入り組んだ自然のイメージでありますが、ここではそれを全体として眺め渡しまして、自然の非常に一般的な性質についてお話してみたいと思うのであります。

さて、こんな話題を選びますと、話が往々にして哲学に流れるものです。やたらと一般的になって、話し手も当りさわりのない言葉で話すものだから、まあだれにでもわかる。そこになにか深い哲学でもありそうに思われるおそれが多いのです。そこで、私は特殊を選びます。漠然とわかったような気になっていただくのではなしに、正直よく理解できたと、そうおっしゃっていただけるようにしたい。そんなわけで、講演第一回めの今日は、一般論ではなしに、物理法則のひとつの例をお話いたします。私はあとで一般論に進むつもりですが、その際、具体例をすくなくとも一つ皆さんに知っておいていただくのがよいと思うからです。具体例が一つありますと、それをなん度でも引合いに出して、抽象に流れがちな話に真実味をそえることができるでしょう。物理法則の例として、私は重力の理論をとることにいたします。物には重さがあるというこの現象です。なぜお前は重力を例に選んだのかとおっしゃられると困ってしまいますが、ともかく、これは史上はじめて発見された大法則の仲間ですし、それ自身おもしろい歴史をもっています。「そのとおり、しかし古い話だな。もっとモダーンな科学の話をしてくれんか。」こうおっしゃる方があるかもしれません。最新の科学をということでしょうが、それがよりモダーンであるとはいえない。モダーンな科学は、重力法則の発見と正確に同じ伝統をふまえております。最近の話題をとりあげたとしても、それはただ最近の発見について語るというだけのことにしかならないでしょう。重力法則の歴史と方法論、つまりその発見の性格とその内容をお話するとき、私は完全にモダーンでありうるのですから、私はこの題目がまずいとはぜんぜん思いません。

この法則は「人間精神がなしとげた最も偉大な一般化」とよばれてきました。しかし、前おきにお話したことからすでにお察しのとおり、私は、重力の法則ほどにエレガントで単純な法則に従うことのできるこの自然の不思議にひかれるほどには、人間精神のほうに興味をもっておりません。ですからお話の中心は、重力法則を探りあてた人類の賢さをたたえることではなく、この法則をつねに守っている自然の賢さをたたえることにおかれるでしょう。

重力の法則というのは、二つの物体が互いに力を及ぼし合い、その力の大きさが物体間の距離の二乗に反比例し、二物体の質量の積に比例して変わるということであります。数学的には、この大法則をつぎの公式として書き下すことができます。

$$F=G\frac{mm'}{r^2}$$

つまり、ある定数Gに二つの質量の積をかけ、距離の二乗で割ったものです。ついでに、力が加われば物体は加速されるということ、詳しくいえば、物体の速度が毎秒その質量に反比例するある大きさだけ変わる。すなわち物体の速度変化は質量が小さいほど大きくて、そこに反比例の関係があるのだということを申し添えれば、私は重力の法則について言うべきことはすべて尽くしたことになります。残るのは、これら二つの原理から引き出される数学的な帰結でしかないということです。もちろん、皆さんが、みんながみんな数学者ではないということはよく承知しております。二つの原理からの帰結にすぎないと申しましたが、それらをいますぐ全部お見通しになれるわけもありません。それで、私がまずお話申し上げようと思いますのは、重力法則の発見の歴史といくつかの帰結、それから、この発見が科学の歴史にどんな影響を与えたか、この法則からどんな神秘が尾を引いているか、さらには、アインシュタインの手になる法則の洗練や、できれば物理学の他の法則との関連、こういったことを手短にお話しようと思います。

その歴史は、簡単にいえば、つぎのようなことになります。はじめ、古代人たちは惑星が天空を動いていく様子を観察しまして、それらがみんな地球ともども太陽のまわりを回っているのだと結論いたしました。この発見は後にコペルニクスも独立にしたのですが、そのときにはだれもが昔の発見のことなど忘れてしまっておりました。それはともかく、つぎに出てくる疑問は、惑星たちが本当のところどんな具合に太陽のまわりを回るのか、つまりどんな運動をしているのかということです。太陽を中心とする円周上を動くのか、それともなにか別の曲線を描くのか？　速さはどうか？　等々。これを探り出すのにちょっと時間がかかりました。コペルニクスの後にきたのは、むしろ、惑星たちは地球も含めて本当に太陽のまわりを回っているのか、地球が宇宙の中心ではないのかといった大論争の時代でありました。そこへティコ・ブラーエ*という男が現われて、この問題に答える方法を提示しました。彼は、惑星が天空に現われるその位置をうんと注意深く正確に調べて記録してみたらよかろう、そうすれば地動説と天動説のどちらが本当だか見分けがつくだろうと考えたのです。これはモダーンな科学の鍵になる考え方でありまして、ここから自然の真の理解がはじまるのです。すなわち、物を観察し正確に記録をする。この理論がよいか、そうでなくてあの解釈をとるべきか、それをきめる手がかりは、こうして得られた情報の中に見つけられるだろうと考える、この考え方です。そこでティコは、お金持でコペンハーゲンの近くに島をひとつ持っておりましたから、そこに大きな真鍮の輪と特殊の観測台を設けまして、毎夜毎夜、惑星たちの位置を記録しつづけたのであります。

＊ Tycho Brahe, 一五四六―一六〇一、デンマークの天文学者。

データがすっかり集まりますと、それはケプラー*の手にわたりました。彼が、惑星たちは太陽のまわりをどんな具合に運動するのか、これを解析するのに努力をしたわけです。彼はこれを試行錯誤の方法で行ないました。わかった、惑星たちは太陽のまわりに円を描く、ただし太陽の位置はその円の中心からちょっとはずれているのだ。ケプラーはこう思ったこともあるのです。しかし、気がついてみると、ひとつの惑星――私はそれは火星だったと記憶していますが――の位置が角度にして八分ほどくいちがうのでした。ブラーエの観測誤差にしてはこれは大きすぎる。してみると惑星が円を描いて運行するという考えが正しくないのだな、ケプラーはこう結論しました。実験が正確だったおかげで彼はまた新しい試行に進むことができ、そんなふうにして結局、三つのこ

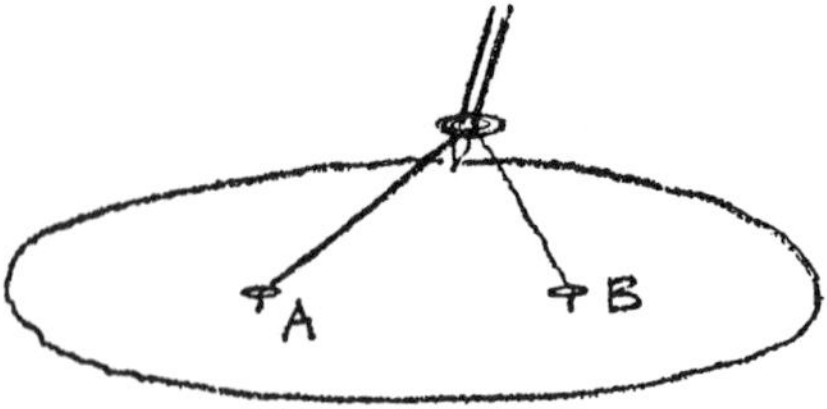

第 1 図

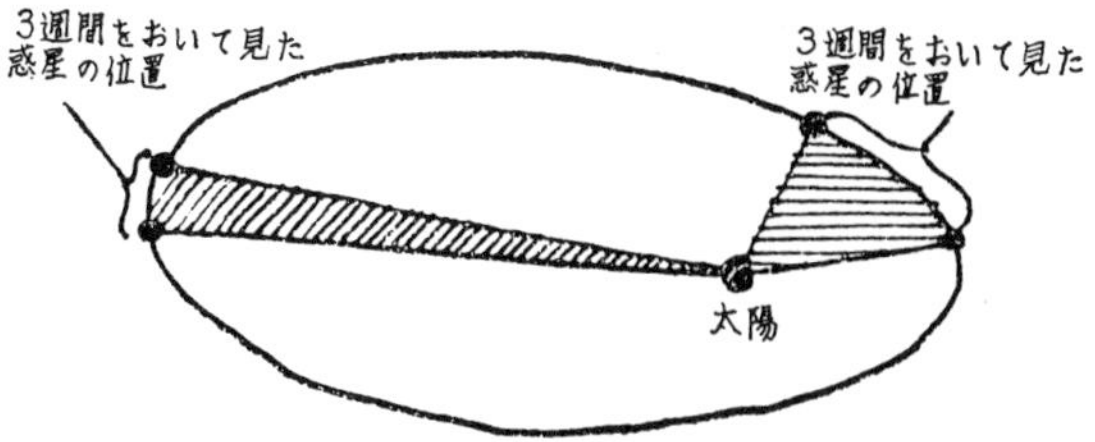

第2図

とを発見いたしました。

＊ Johann Kepler, 一五七一―一六三〇、ドイツの天文学者、数学者。ブラーエの弟子。

第一に、惑星たちは太陽のまわりに楕円軌道を描く。太陽はその楕円の焦点に位置するという発見であります。楕円というのは、どんな絵かきさんでもご存知でしょう。つぶれた円のことです。子供たちだって知っています。輪に糸を通してその両端を固定し、鉛筆を輪にさしてぐるっとまわせば楕円ができる(第1図)。二つの点A、Bが焦点です。惑星の軌道は、太陽をひとつの焦点とする楕円になっております。

つぎにくる疑問は、惑星がその楕円をどんなふうに回るのかということです。太陽の近くにきたとき足は速くなるでしょうか？　太陽から離れるにつれて遅くなるでしょうか？　ケプラーは、この問題の答も見つけました(第2図)。それはこうです。いま、あるきまった期間だけ――三週間としましょうか――離れた二つの時刻の惑星の位置に印をつけてみます。軌道上のまた別の場所で同じく三週間だけおいて惑星の二つの位置に印をつけて、太陽からそれらの点まで線を引きましょう(専門家はこの線を動径ベクトルとよびます)。そうして比べてみますと、軌道の弧と三週間のあいだをおいた惑星の位置に向けて引いた二本の直線とによって囲まれた扇形の面積は、軌道のどこでとっても、いつも同じだというのです。ですから惑星は、その面積を一定にするために、太陽の近くにきたときに速く、遠くに離れたときは遅く走らねばなりません。

何年か後になりまして、ケプラーは第三の規則性を発見いたしました。それは太陽をめぐる一つの惑星に関わるのではなく、すべての惑星たちの運動を互いに関連づけるものでした。すなわち、惑星が太陽のまわりを一めぐりするのに要する時間が、軌道の大きさに関係している。一めぐりの時間は軌道の大きさを三乗して平方根に開いたものに比例するというのです。ここに、軌道の大きさというのは楕円の最大のさしわたし(長径)のことであります。

これで、ケプラーは三つの法則を得たことになります。要約していえばこうです。軌道は楕円である。動径ベクトルによって相等しい時間のうちに掃過される面積は相等しい。一めぐりの周期は軌道の大きさの二分の三乗に比例している。二分の三乗というのは三乗の平方根のことです。こうしたケプラーの三つの法則が、太陽のまわりを回る惑星たちの運動の完全な記述を与えます。

つぎにくる疑問は、惑星たちに太陽のまわりを回らせるものは何かということです。ケプラーの時代には、惑星の後に天使がいて、翼をはばたいて後押しをしているのだと答える人々がおりました。まもなくおわかりになるとおり、これは、それほど真実から遠くない答であります。修正を要する点といえば、天使が実はちょっと別のほうを向いておりまして、惑星を軌道の内側に向けて押している。これだけのちがいしかありません。

さて、同じころ、ガリレオがこの地球上で手近なありふれた物体の運動法則を探究しておりました。玉が斜面を転がり落ちるありさまや振子のふれ方等々たくさんの実験を重ねまして、ガリレオは慣性の原理とよばれる大原理を発見いたしました。それはこういうことです。物体は、ある速度で直線運動をしているとき、よそからなにものの作用も受けないならば、そのままの速度でその同じ直線上を走りつづける。そんなはずはない。ボールを転がして永久に走らせようと試みたことのある人なら、きっとこう思うでしょう。ここには理想化があるわけです。よそからの作用がなければというのですから、床との摩擦などないとする。そうすればボールは一定の速さでどこまでも転がっていくことでしょう。

つぎにくるのはニュートンです。彼はこういう問題をたてた。物体は真っすぐに走らないこともあるが、これはどうしたわけだろう？　彼の答はこうでした。どんな具合にもせよ、物体の速度を変化させるのには、とにかく力がいるのだ。たとえば、ボールを運動の方向にさらに押してやれば、ボールはスピード・アップします。ボールの運動方向が変わるのは、力が横向きのときです。力は二つの量の積で測られる。なにか短い時間のあいだに速度がどれだけ変わるか——これが加速度というものです。加速度にその物体の質量(慣性係数ともいう)をかけたものが力になります。たとえば、糸の端に小石を結びつけて頭の上で振りまわすのには、糸をつねに手元のほうに引っぱっていなければなりません。それは、小石の速さこそ変わっていませんが、円を描くために運動方向が刻々と変わっているため、つねに内側に引っぱり込む力がいるということで、その力の大きさは質量に比例するのです。それで、二つの石ころをもってきて、まず一方、つぎに他方を同じ速さでふりまわしてそれぞれ力を測ってみますと、質量のちがいに応じてその力もちがってまいります。ついでながら、これは、速度を変えてやるのに必要な力を測って質量を知る一つの方法です。さて、この加速度と力の関係から、ニュートンは、惑星が太陽のまわりに円を描いて運動するという簡単な場合には、円周に沿う向き、つまり接線方向にはなんの力もいらないということを見抜きました。力がぜんぜんなかったら、惑星は真っすぐに走るばかりでしょう。実際には、しかし、惑星は直進をつづけるのではありません。力がなくて直進していたら行ったはずのところよりも、ずっと太陽に寄った位置に落ちてまいります(第3図)。すなわち、惑星の速度、つまり運動は太陽のほうにねじまげられるわけです。そんなわけで、天使はつねに太陽のほうに向かってはばたき、その方向に惑星を押すのでなければなりません。

ところで、惑星をいつも真っすぐに進ませようとしているのは何者か、それはまだわかっておりません。物がみな直進をする理由は未知なのです。慣性の法則のよってきたるゆえんはだれも知らないのであります。天使は存在いたしませんが、しかし運動がいつまでも続くのは事実です。他方、落下を起こすのには力がいります。そして、この力は太陽に由来することがわかってまいりました。実際ニュートンは、等しい時間内に等しい面積が掃過されるという命題が、速度の変化はいつも太陽のほうに向いている、楕円軌道の場合にもそうであるという単純な考えからただちに導かれることを証明することができました。その詳しいお話はこのつぎにいたしましょう。

この法則からして、ニュートンは力が太陽のほうに向いていることを確認しました。また、いろんな惑星の公転周期が太陽からの距離によって変わるその変わり方からは、力が遠くにゆくに従って弱

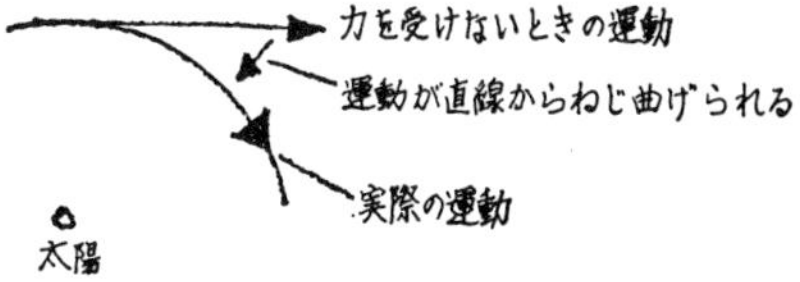

第3図

まっていく様子が決定できました。彼は、力が距離の二乗に反比例して減少することを見出したのです。

これまでのところ、実はニュートンはなにもしなかったのと同じであります。なぜなら、彼はケプラーが述べた二つのことをただ別の言葉にいい換えたのにすぎないからです。その一方は、力が太陽のほうに向いているという主張と完全に同等であり、他方は力が距離の二乗に反比例するという主張と完全に同等であります。

そうこうするうちに、しかし、木星が衛星をもっていることが望遠鏡によって発見されました。それは小さい太陽系みたいなもので、衛星たちは木星に引っぱられているようでした。月は地球に引っぱられて、そのまわりを回る。どうもこれと様子が似ています。どんな物体も他の物体を引っぱるのだといえそうではありませんか。それが本当なら、太陽が惑星を引くように、地球も月を引くわけです。それに、私たちは地球が物体を引きつけることを知っています。その引力のために、皆さん、ふわふわ飛び上がれたらと思うのに、椅子にしっかり押しつけられている。地上の物体にはたらく引力は重力としてだれでも知っていたのです。ニュートンの卓見は、月を軌道にひきとめておく力がその重力と同じものではないかと考えたところにあります。

月が一秒間にどれだけ落下をするか計算するのはやさしいことです。軌道の大きさはわかっていますし、それを月が一周するのに一カ月かかることも知れているからです。まず、月が一秒間にどれだけ進むかの計算はおできになりますか？　それができますと、その一秒のあいだ月がそのまま真っすぐに行ってしまう場合に比べて、円形の軌道を描いたときにはどれだけ地球のほうに落下したことになるか、これはただちにわかるはずです。これは、八分の一センチ強になります。さて、私たちが地球の中心から離れている距離に比べて、月はその六〇倍も遠くにあるのです。実際、私どもは地球の中心からほぼ六、四〇〇キロのところにおり、月は三八〇、〇〇〇キロのところにあります。したがって、もし逆二乗の法則が正しいとしますと、重力は月にとどくまで六〇×六〇分の一に弱まる勘定となりまして、地上の物体は一秒間に八分の一センチ×三、六〇〇（つまり六〇の二乗倍）だけ落下すべしという結論がでてまいります。八分の一センチの三、六〇〇倍といえば四五〇センチ強ですが、地上の物体が一秒間に四九〇センチ落下することは、ガリレオの測定によってすでに知られておりました。これはニュートンのふみ出した第一歩が見当はずれでなかったことを示すものであります。もはや後戻りはできません。月の軌道半径と公転周期という新しいデータが、地上の物体の一秒間の落下距離というぜんぜん別口の量と関係づけられることがわかったのですから！　これは理論の正しさを示すドラマティックな証言でありました。

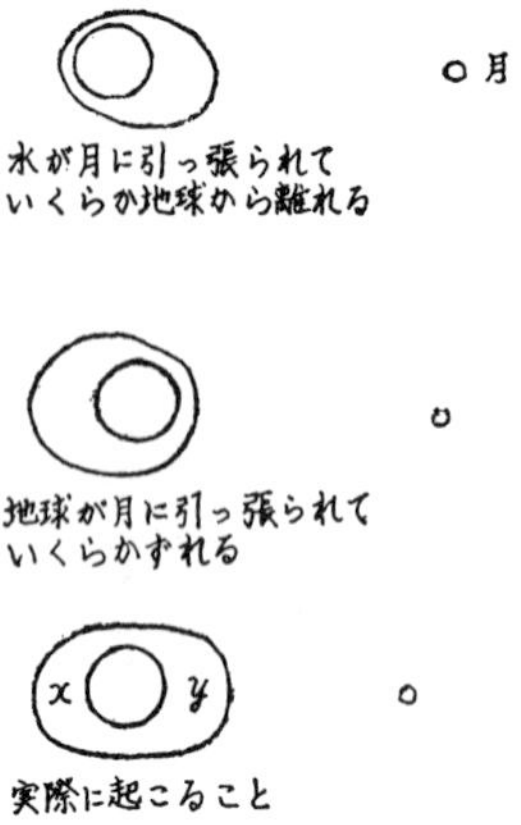

第4図

そのうえさらに、ニュートンはさまざまの予言をしたのであります。彼は、力が逆二乗の法則に従うとき惑星の軌道がどんな形になるべきかを計算によって出すことができました。そして、出てきたのは確かに、楕円軌道という答であった。これで、二つの仮定から引き出された予言は三つになり、そのどれもが的中したことになります。まだあります。たくさんの現象が自明の理として理解できることになったのです。その一例は潮の満ち干であります。潮の満ち干は月の引力によって起こるわけでしょう。このことは以前にも気づかれていたのです。しかし不思議なことがあります。潮の満ち干が月の引力によって起こるのだったら、月のいる側の海水が引っぱられて盛り上がるわけですから、満潮は一日に一度しかないことになってしまうでしょう(第4図)。実際には、しかし、満潮はだいたい一二時間ごとに起こるのでありまして、一日に二度あります。実は別の考え方をする一派もあったのでして、彼らは月に引かれるのは地球のほうであって、海水はとり残されるのだと主張しておりました。本当の理屈を見抜いたのはニュートンが最初です。

月の引力は、距離さえ同じならば、地球にも海水にも同様にはたらく。ところが、地球に比べてyのところの海水はより月に近く、xのところの海水は遠い。その結果、yの海水は、地球が引かれるのよりも、もっと強く月に引っぱられるのであります。xのところの海水ではその反対です。そうしますと、yのほうの海水は月に引っぱられて盛り上がり、他方xのところの海水は、地球のほうが強く引かれる結果とり残されて、反対側に出っぱります。つまり、上に述べた二つの考え方が両方とも正しくて、そのために一日に二度の満潮が見られるという次第だったのです。つぎのように言えばもっとはっきりするでしょう。本当のところ、地球だって、月と同様、円軌道を描いて回っているのです。考えてもごらんなさい。地球は月に引かれているのです。その力は何と釣り合っているのでしょう？　月が地球からの引力をバランスするために円運動をするのと全く同じ理由によって、地球も円運動をしております。ただし、その円の中心は地球の内側にあるのですが、それはともかく、月の引力をバランスするためには地球も円運動しないわけにはいきません。地球と月とは共通の中心のまわりを回っているのです。こうして地球にはたらく力はバランスされますが、しかしxのところの海水を月が引く力はより弱く、yのほうではより強いために、そのどちらでもバランスが破れて海水は両側に盛り上がる羽目になるのでありまます。潮の満ち干はこうして説明され、一日に二度の満潮がくることも理解されました。

このほかにも明らかになったことがたくさんあります。なぜ地球は丸いかといえば、それは各部分がみな中心に向かって引き込まれているためである。それではなぜきっちりと球形にならないのかというと、それは地球が自転をしているから遠心力のために張り出しが起こって、そこでバランスするのだ。なぜ太陽や月が丸いのかといえば……。ざっとこんな具合です。

科学が進み、観測がより正確になってまいりますと、ニュートンの法則に対するテストもそれだけ厳しくなるのでした。木星の衛星が注意深いテストの最初の機会を与えました。衛星たちが木星のまわりを運行するありさまを長期間にわたって精密に観測することによって、ニュートンの法則が正しくなりたっているかどうかのテストができます。その結果、否という答がでてしまった。衛星の運行をニュートンの法則によって計算し、観測とつき合わせたところ、衛星があるときは予想より八分早く現われ、あるときは八分遅れて現われることがわかったのであります。それも、衛星が予想時刻より早く見えだすのは木星が地球に近いときであり、遅れて出るのは木星が遠いときであるという奇妙なことになっているのでした。レーマー*は、重力の法則を疑うかわりに、つぎのようなおもしろい考えを出しました。それは、光が木星の衛星を出て地球に達するまでにはある時間がかかるというものです。そのために、私たちが衛星を眺めるとき観測の瞬間における衛星の本当の位置が見えるのではなくて、光が地球までくるのに使った時間だけ以前の位置を見ることになります。木星が地球に近いときは光の使う時間が短く、木星が遠くにあればその時間は長くなるので、その結果、衛星が早く出たり遅く出たりするように見えるのです。観測結果には、その時間差を考慮して補正を加えなければなりません。このことからレーマーは光の速さを決定することができました。光といえども瞬間的に伝播するものではないということが証明されたのは、これが初めてであります。

＊ Olaus Roemer, 一六四四―一七一〇、デンマークの天文学者。

私がこのことをとくにお話ししましたのは、いったん正しい法則が得られますと、それを用いてさらに新しい法則を発見することができるものだという例を示すためであります。法則を信用するかぎり、それに合わない現象が現われたら、それは未知の事柄の介入を意味すると考えるほかありません。もしも重力の法則が知られていなかったら、木星の衛星の行動は予測できなかったわけですから、光の速さを見出すまでにはもっと長い時間がかかったことでしょう。こんなわけで、一つの発見がなされますと、それはつぎの新発見を促す道具となり、発見は雪崩のように拡大いたします。この時代に端を発した新発見の雪崩は今日まで四〇〇年も続き、そしてなおものすごい勢いで進行しているのであります。

さて、つぎに起こってきた問題はこうです。惑星の軌道は本当は楕円ではない。なぜなら、ニュートンの法則によると惑星は太陽に引っぱられるだけでなく、お互いにもいくらかは引き合うはずだからであります。惑星同士が引き合う力は、もちろん微弱でしょう。微弱ではあっても力がはたらくにはちがいないのですから、それによって運動がいくらかは変わるはずです。木星と土星、天王星は惑星でも大きいほうなので、お互いの引力のためにこれらの軌道がケプラー式の楕円形からどのくらいずれるかの計算がなされました。計算の結果を観測につき合わせてみたところ、木星と土星は確かに計算どおり運行していましたが、天王星の振舞いは何やらおかしなものでした。ニュートンの法則に何かが欠けているのでしょうか。いや、勇気こそが必要です！　この計算をしたのはアダムス*とルヴリエ**という二人の男で、ほとんど同時でありながらお互いに相手の計算のことを知らなかったのですが、天王星のおかしな運動は未発見の惑星に影響されているせいだろうと考えまして、それぞれ自分のところの天文台に手紙を送りました。「望遠鏡を天のこれこれの方角に向けてごらんなさい。新しい惑星が見えるはずです。」「そんな無茶な！」と一方の天文台は答えました。「紙と鉛筆をもってすわっているだけの男が、われわれに新しい惑星の位置を教えるなんて、そんなことができてたまるか。」もう一方の天文台はちがっていました。そう、台長さんや事務長さんの頭のちがいでしょう。こちらは海王星を発見してしまったのであります。

＊ John Couch Adams, 一八一九—九二, イギリスの数理天文学者。
＊＊ Urbain Leverrier, 一八一一—七七, フランスの天文学者。

ずっと最近になってから、つまり二〇世紀の初めに水星の運動に異常のあることがわかりました。これはたいへんむずかしい問題で、アインシュタインが、ニュートンの法則にいくらか修正を要する点があることを指摘するまで解けずにいたのです。

さてつぎに、重力の法則がどのくらい遠方まで支配するものか、これを問題にしましょう。この法則は太陽系の外でもなりたつのでしょうか？　写真1をごらんください。これは重力の法則が太陽系を越えてなりたつことの証拠なのです。いわゆる二重星をつぎつぎに撮影した写真が三枚続きになっていますが、幸いにも第三の星が右下に写っていますので、二重星が回転していることがはっきりわかります。天文の写真はちょっとまわしてお見せしても一般にはわからないものですが、写真1はちがうのです。二重星はたしかに回転しているのでして、その軌道が第5図のようになっていることもおわかりでしょう。二つの星がお互いに引き合っていることは明らかであります。そして、期待されるとおり軌道は楕円です。図に書きこんである点は星の刻々の位置を示します。星は時計の針と同じ向きに回っております。これで話はたいへんにうまくいっているようですが、しかし、よく見ると中心が楕円の焦点になく、かなりはずれています。これは重力の法則に何か問題

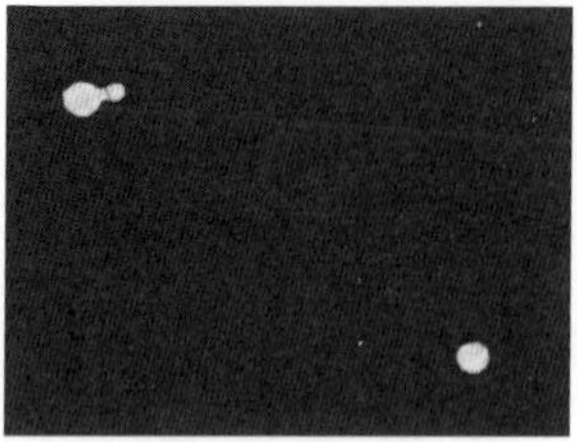

1908年7月21日

1915年9月

1920年10月

写真1　同じ二重星を三つの異なった時期に撮影した写真

があることを示すのでしょうか？　いや、そうではありません。神様がこの軌道を正面から見せてくださらなかっただけのこと。軌道面がおかしな方角に向いているのであります。楕円を描いて焦点に印をつけ、紙面を傾けて眺めると、楕円の射影を見ることになりますが、楕円の焦点は射影された像の焦点にくるとはかぎらないことがわかるでしょう。第5図がこんな具合に見えるのも、軌道面が傾いているためなのです。

もっと遠くに行ったらどうでしょう？　重力は二つの星の間にはたらくものです。その力は太陽系の直径の二倍ないし三倍といった距離よりも、さらにずっと遠くまで及ぶものでしょうか？　写真2にうつっているのは、莫大な数の星の集まりですが、全体の大きさは太陽系の直径の一〇万倍くらいあります。白い大きなかたまりは、実は塊ではなくて、普通の星と同様の小さい小さい白点が集まっているのでして、ただ観測機械がその一つ一つを見分けられなかったのです。そこの星たちはお互いに十分に離れており、衝突することもなく、この大きな球状星団の中で引力を及ぼし合いながらあちこち動きまわっています。これは天空で最も美しいものの一つであります。海の波や夕陽と同様に美しいと私は思います。星団の中の物質分布ははっきりしており、星団をそのようにひとつにまとめているのは、その中にある星と星の間の引力のはずです。そこで、星団の物質分布とだいたいの大きさとから、その力の法則が推定できる。もちろん、計算の精度は太陽系の場合にはかないませんけれども、力の法則はや

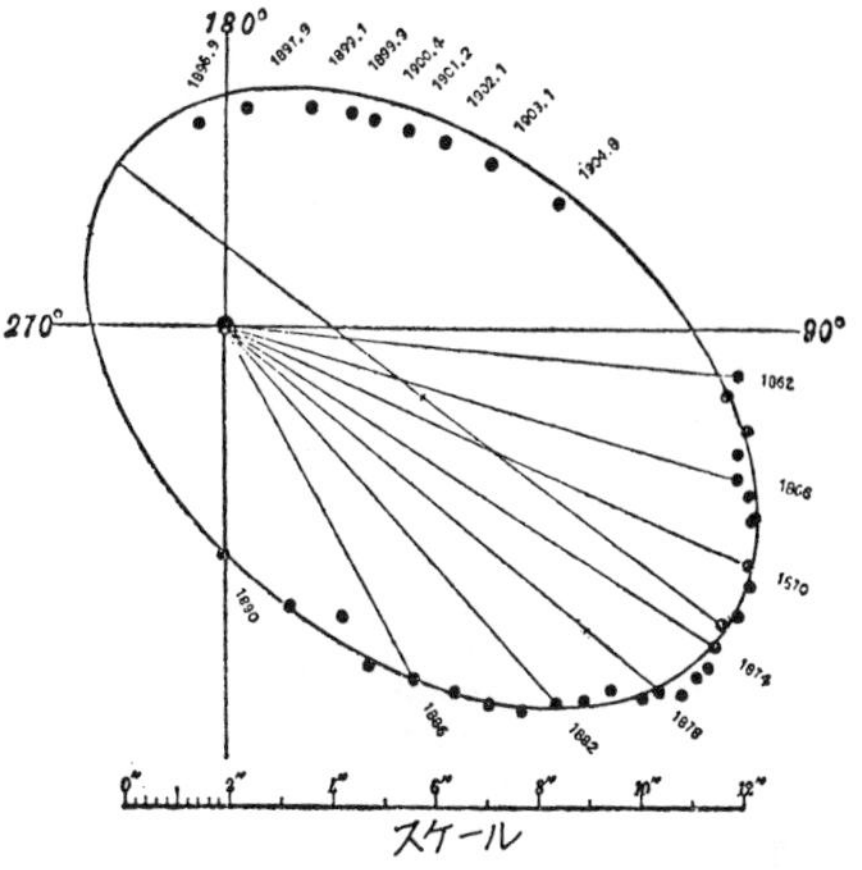

第5図

写真2　球状星団

はり逆二乗的なものであることがわかります。

重力はもっともっと遠くまで及ぶのであります。写真3に示した星雲の一員としてみれば、さきの球状星団も針先ほどの小さい点にすぎません。この写真は典型的な星雲を示すものですが、ここでも全体をまとめている力がなにかあるはずでしょう。その力としては重力しか考えられません。こんなに大きい世界にきてしまいますと、逆二乗法則をチェックする手だてもなくなってしまいます。この星の大集団は、さしわたしが五万光年から一〇万光年にも達するのでありまして、太陽から地球まで光がたったの八分しかかからな

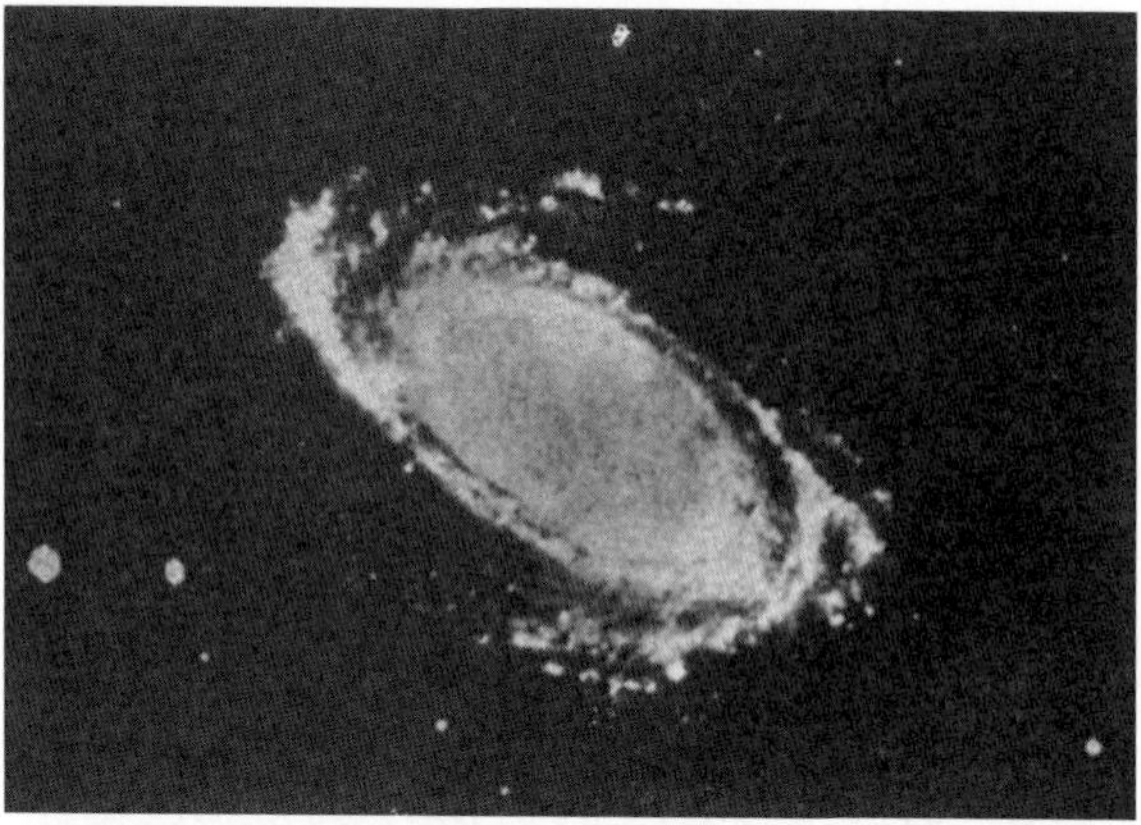

写真3　渦状星雲

いのに比べて猛烈に大きいわけです。この巨大な世界にまで重力が及んでいることは疑いのないところであります。もっと遠くまで重力が及ぶという証拠もあります。写真4をごらんください。これは、いわゆる星雲団であります。星が群がって星団を作るように、ここでは写真3でお目にかけたような大星雲がたくさん集まって一団をなしているのです。

これでも宇宙の大きさに比べたら、一〇分の一か一〇〇分の一の距離でしかありません。そこまでは重力が及んでいるという証拠が、ともかくも存在するわけです。地球の重力も果てしなく広がっております。

新聞などで宇宙ロケットが地球の重力から脱出したなどという話をお読みになってい

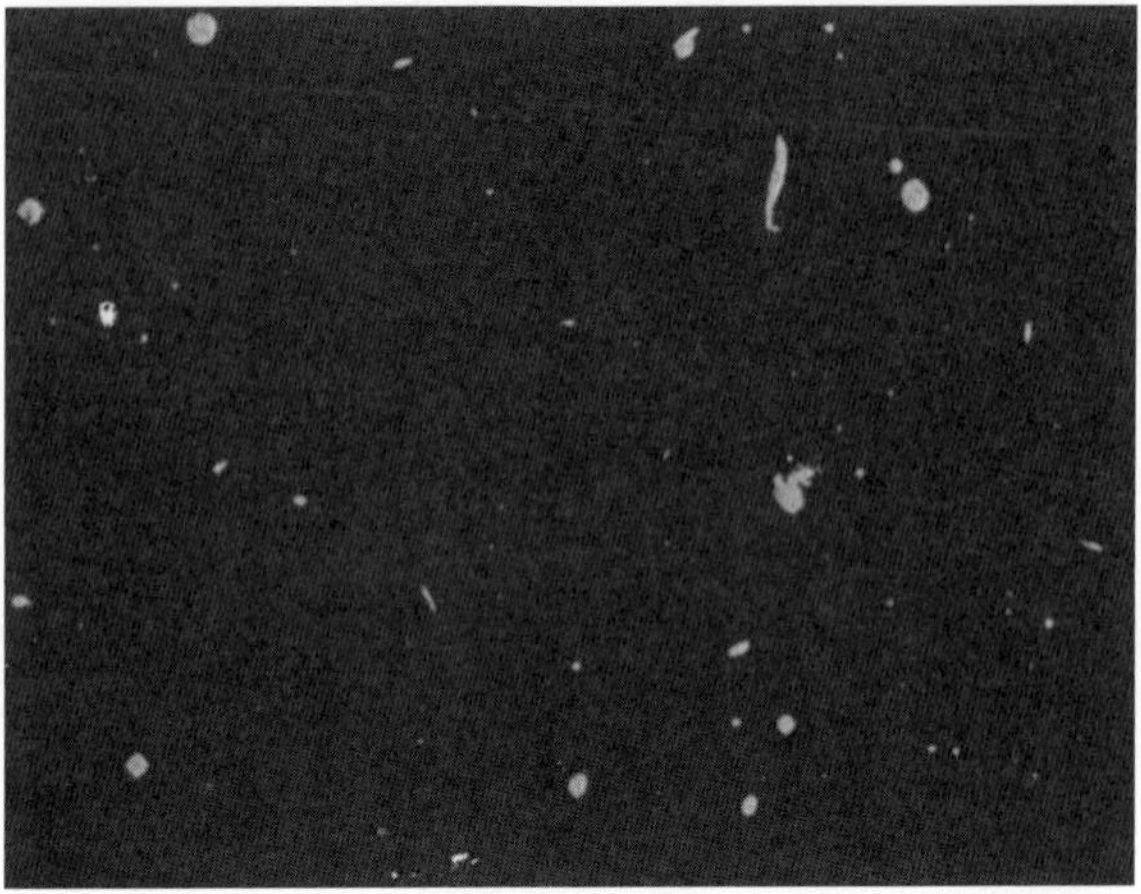

写真4　星雲団

ると思いますが、重力には果てしがありません、重力は距離の二乗に反比例して弱くなる。地球から二倍に遠ざかれば重力は四分の一になり、さらにその二倍の距離では重力がまた四分の一となる。やがては他の星からのより強い重力の巷にかき消されてしまうというだけのことであります。星は他の星を引きつけて星雲をつくり、一団となって他の星雲を引きつけまして星雲団をつくり上げます。このように、地球の重力場は果てしなくのびております。それは精妙な法則に従いながらゆっくりと弱まるばかりで、おそらくは宇宙の果てまで続いているのでしょう。

重力の法則は、他の諸法則とやや異

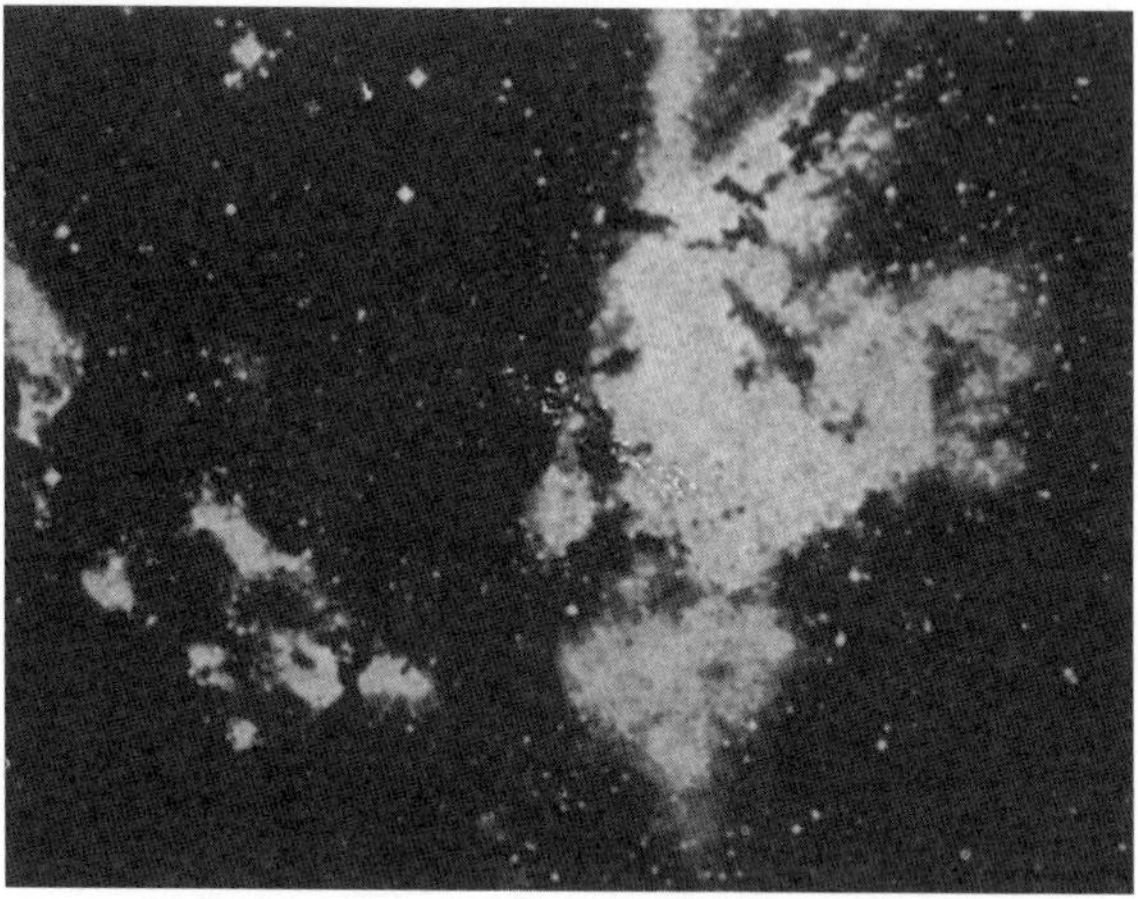

写真5　ガス状星雲

なっております。たしかに、宇宙の仕組みや歴史にとっては、それは重要なものです。宇宙に関するかぎりそれはたくさんの応用をもっています。しかし、物理の他の法則とちがって、重力の法則には実用的な応用がほとんどない。私は型破りの法則を選んでしまったわけです。もちろん、何かの選択をします場合、どんな意味からも型破りでないといったものを選び出すことは不可能です。これがこの世界のおもしろいところだと思います。重力の法則が応用される例としていま思い浮かぶのは、重力探鉱とか潮の満ち干の予報、もっとモダーンな例としては、人工衛星をうちあげる際の軌道計算くらいのものであります。これもモダーンな例になるかもしれませんが、惑星の位置の予報、これは占星術師たちが星占いを雑誌に書きたてるのに大いに利用されます。科学の進歩が、二、〇〇〇年も昔からのナンセンスを生きながらえさせることにしか使われないとは、この世の中も不思議なものです。

ここで、重力の法則が宇宙の歴史に重大な関わりをもつにいたる事件についてお話しなければなりません。その興味深い例は、新星の誕生であります。写真5は、私どもの星雲――つまり、銀河系の中にあるガス状星雲を示します。これは星の集団ではありません。ガスなのです。黒い点々はガスが圧縮されたり、自分の引力で収縮したりした場所です。そもそもの始まりは、おそらく衝撃波によるのでしょうが、そのあと現象が進行するのは重力がガスをどんどん引き寄せるためでありまして、やがてガスやら宇宙塵やらがどっさり集まって巨大なお団子ができます。収縮がもっと進めば、重力のエネルギーによって温度が上昇し燃えはじめる。新星の誕生であります。新しく星が創り出されている証拠を写真6にお目にかけましょう。

こんな具合に、重力によってガスが大量に集められたとき新星は生まれるのです。ときには星は爆発してガスや宇宙塵を噴出します。この宇宙塵やガスがまた集まって新星をつくる――まあ永久運動みたいなものでしょう。

私は、重力が遠くの遠くまで及ぶことをお話しました。ところでニュートンは、どんなものもお互いに引き合うという主張もしたのであります。それは本当でしょうか？　惑星同士が引き合うのを眺めるだけでなく、もっと直接にこの主張をテストすることはできないものでしょうか？　直接のテストは、キャベンディッシュ*が第6図の装置を用いていた

1947 年

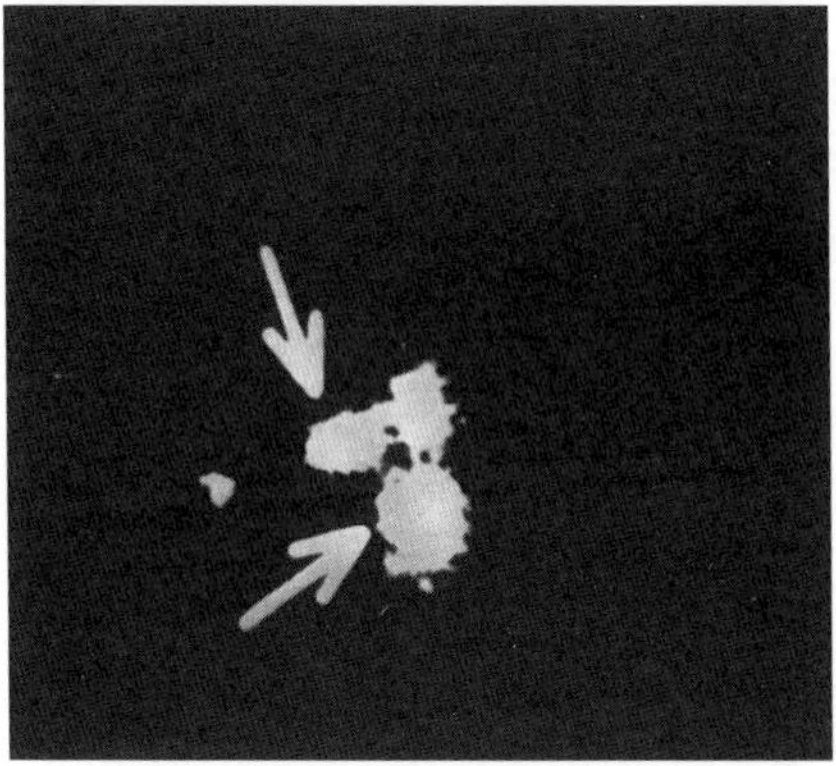

1954 年

写真 6　新星誕生の証拠

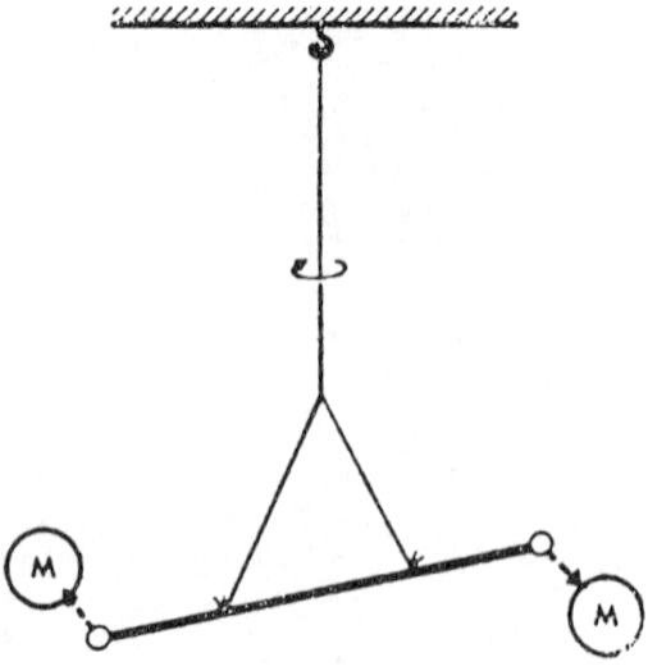

第6図

しました。彼のアイディアはこうです。水晶を引き延ばして細い細い糸を作り、それでもって棒を吊ります。棒の両端には玉がついていて、そのそばにそれぞれ大きな鉛の玉を近づけるのです。図をごらんなさい。玉と玉が引き合いますから吊糸がわずか捩れます。もちろん、そんじょそこらの物体が引き合う力はおそろしく微弱です。微弱ではありましたが、玉と玉が引き合う力は測定することができました。キャベンディッシュは彼の実験を「地球の重さはかり」とよびました。今日の物識りぶった神経質な教育では、生徒にそんな呼び名を許しません。「地球の質量の測定」とでもいうところです。それはともかく、直接的な実験によりまして、キャベンディッシュは力を測定し、二つの玉の質量と距離を測って、これらの結果から重力定数Gを決定することができました。そこで、こういうことにお気づきでしょう。「地球の重力だって似たようなことじゃないか。引力の大きさがわかり、引かれている物体の質量もわかっていた。地球の中心から物体までの距離だってわかっていたが、しかし待てよ。地球の質量と重力定数とがわからなかったのだな。そうか、これでは地球の質量と重力定数の積だけしか求まらないや。」ところが、いまや重力定数が決定されたので、これを地球の引力のデータと組み合わせて、地球の質量が決定できることになります。

＊ Henry Cavendish, 一七三一―一八一〇、イギリスの物理学者、化学者。なお、レピーヌとニコル『キャベンディッシュの生涯』小出昭一郎訳編、東京図書、一九七八年、参照。

間接的ではありますが、こうして私どもの足下にある球体の重さないし質量がはじめて決定されたのです。これはたいした成果であります。それだからこそキャベンディッシュは自分の実験を「地球の重さはかり」とよんだのだと思います。彼はまた太陽をはじめ他の天体の質量をも同時に測ったことになります。太陽の引力はわかっているので、重力定数を使えばその質量が算出できるからであります。

重力の法則に対するもうひとつのテストはたいへん興味深いものです。それは、引力が質量に正確に比例するのかどうかを問題にします。引力が正確に質量に比例し、力に対する反応、つまり力によってひき起こされる運動、速度変化が質量に反比例するものとします。そうしますと、二つの物体は質量が異なっても重力場のなかでの速度変化は同じだということになります。二つの物体を真空中で放しますと、それらの質量がどうであれ、同じように落下するということです。これはガリレオが昔ピサの斜塔でした実験にほかなりません。別の例でいえば、人工衛星の中の物体は、外側においた物体と同様の軌道を描き、その結果として衛星のなかに宙ぶらりんに浮いているように見えるということにもなります。力が質量に正確に比例し、反応が質量に反比例するという事実は、このようにおもしろい結果をもたらすのであります。

これは、どのくらい厳密になりたっているのでしょう？　このことは一九〇九年にエートヴェッシュ*という人が実験し、また最近ではより精度の高い実験がディッケ**によって行なわれました。その結果、一〇〇億分の一の精度で正しいことがわかったのです。こんなにも正確に重力は質量に比例いたします。でも、どうしてそんな精度が得られたのでしょう？　私どもは、太陽が万物を引きつけ、したがって地球をも引っぱっていることを知っております。いま、その引力が慣性に厳密に比例しているかどうかを知りたいのです。最初の実験は白檀の木を用いて行なわれました。ついで鉛や銅が用いられてきましたが、今日ではポリエチレンが用いられます。地球は太陽のまわりをまわっていますから、地上の物体は慣性のために外側に放り出されます。一方、物体は質量のために太陽に引っぱられるのです。二つの物体をおいたとき、それぞれが太陽に引かれるのと外側に放り出されるのと力の比がちがっていたら、一方では太陽の引力が勝ち、他方の物体では慣性力が勝つことになるでしょう。そこで、それらの物体を棒の両端につけキャベンディッシュ式に水晶の糸で吊ってやれば、捩れが起こるはずであります。実際には、さきほど申しました精度において捩れは見られなかった。このことから、二つの物体に対する太陽の引力は、正しく遠心力つまり慣性に比例していることがわかります。すなわち、物体にはたらく引力は慣性係数、つまり質量に正確に比例しているのであります。

＊ Baron Roland von Eötvös, 一八四八—一九一九、ハンガリーの物理学者。

＊＊ Robert Henry Dicke, アメリカの物理学者。

おもしろいことに、逆二乗の法則は別のところにも顔を出す。それはたとえば電気の法則です。電気はお互い同士の距離の二乗に反比例した力を及ぼし合います。してみると、距離の逆二乗ということには何か深い意味がありそうに思われる。しかし、電気と重力とを同じものの異なる面としてとらえることに成功した人はありません。今日、私どもの物理学、物理の諸法則はたくさんの部分やかけらの寄せ集めでありまして、全体はけっしてしっくりいっておりません。何もかも導き出せるような統一体系はまだないのです。いくつかの部品は手に入りましたが、それらがうまく組み合わされないのであります。物理法則とはなんであるのか、この講義でそのものずばりをお話できない理由も一つはここにあるわけです。私はいろいろの法則に共通な特徴をお話することしかできない。私どもは諸

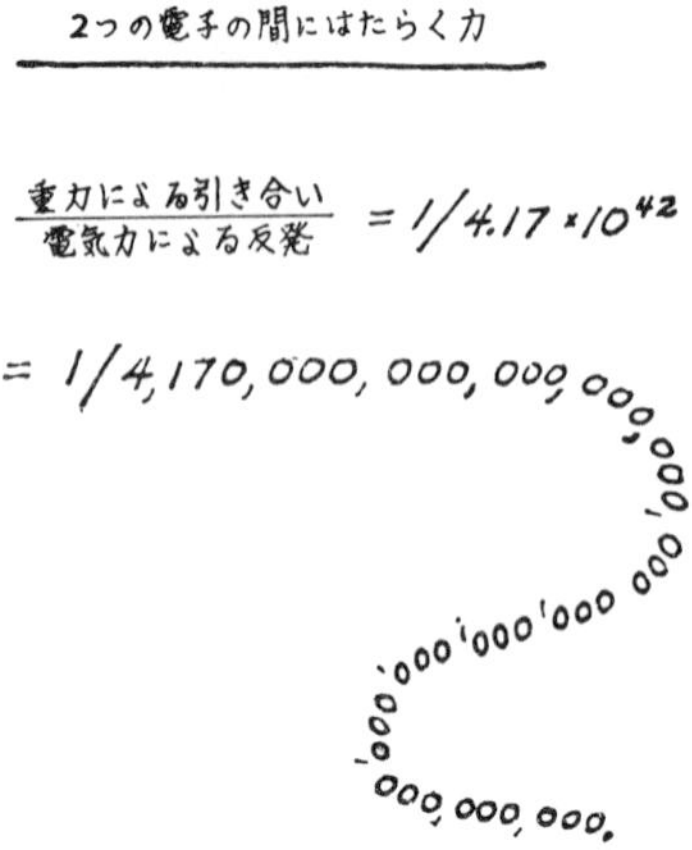

第７図

法則の関係をまだ理解していないからです。それにしましても、不思議なことに、二つの理論に共通な要素というものがあります。電気の法則をまた考えてみることにしましょう。

電気の力は距離の二乗に反比例いたします。しかし、おもしろいことに、電気の力と重力とは強さがひどくちがうのであります。電気と重力を一つの理論から導き出そうとしますと、電気の力が重力よりはるかに強力であることを思い知らされるのです。こんな桁違いにちがうものが一つの原因から導かれるとは信じがたい。でも、一方が他方より強力であるとはどういう意味でしょうか？　それは電気の量により、質量の大きさによることです。「これこれの塊をとって、うんぬん」というのでは重力の強さを語ることになりません。質量をあなたが勝手に選んでいるからです。自然の本質に迫ろうと思えば、センチとか年とか人間のきめた大きさには無関係な、自然の無次元量を用いるべきで、それにはこうすればよいでしょう。

素粒子としてたとえば電子をとります。もっとちがった粒子をとれば結果もまた異なってくるでしょうが、たとえばの話として電子を考えてみるのです。電子は物質の基本的な構成要素ですが、二つの電子はその電荷のために距離の二乗に反比例する力で反発し合います。また重力のために距離の二乗に反比例する力で引き合います。

そこで問題。電気力と重力の比はいくらか？　その答を第7図に示しました。電気力と重力の比は四二桁も長い尾をひいた数で与えられます。これは摩訶不可思議な話でありますす。そんな大きな数がいったいどこから出てくるのか？　重力も電気も二つながら導き出せる理論があったとして、こんなひどい不釣合いがどうして出るのでしょう。どんな方程式が、引力と反発力の二つの力に対してこんなにばかでかい比を与えるのでしょうか？

この比をもっと別のところから出そうとした人々がありました。どこかにばかでっかい数はないか。そうだ、大きい数が欲しかったら、宇宙の直径と陽子の直径の比をとったらどうか。彼らはこう考えたのであります。すると、驚くなかれ四二桁の数が出てきたではありませんか。そこで、電気力と重力の比は、宇宙と陽子との直径の比に等しいのであるというおもしろい提案がなされたのであります。ところが、宇宙は時とともに膨脹してゆきます。そうだとしたら重力定数も時間とともに変わってゆくはずであります。これがどうも本当らしいと思わせる証拠はありません。反対に、重力定数はそんな具合には変わってこなかったと考えるべき部分的な根拠があります。*四二桁の大きな数は、まだ神秘に包まれているのであります。

＊（訳注）江沢洋『量子と場——物理学ノート』ダイヤモンド社、一九七六年、第Ⅲ篇第3章を参照。

重力のお話を終わるに当たり、二つほどつけ加えたいことがあります。その一つは、アインシュタインが彼の相対性原理に従って重力の法則を修正しなければならなかったということであります。彼の原理の第一は、なにものも瞬時に伝わることはないというのですが、ニュートンの理論では重力は瞬時的なのであります。彼はニュートンの法則を修正しなければなりませんでした。もちろんそれは小さい効果しかもちません。効果の一例は、光がエネルギーを持っており、エネルギーは質量でもあるということです。質量は何によらず落下をする。かくして光も重力場で落下することになり、したがって太陽のそばを通るとき屈曲をこうむることになります。これは事実そうであります。また、アインシュタインの理論においては重力の法則もいくらか修正を受けることになり、それはごくわずかなことですが、ちょうど水星の運動にみられたニュートン理論と実測のくいちがいを説明してくれるのでありました。

つぎに、極微の世界の物理法則についてですが、物質は極微の世界では大きな世界のものとは非常に異なった振舞いを示すことがわかっています。それでは重力は極微の世界ではどうなるのでしょう？　これは重力の量子論とよぶべき問題です。今日まだ重力の量子論はできておりません。いまだに不確定性原理をはじめとする量子力学の諸原理に矛盾することのない重力理論をたてることには、だれも完全には成功していないのです。*

＊（訳注）この方面の進展は著しい。
中西襄『相対論的量子論——重力と光の中にひそむ〝お化け〟』講談社ブルーバックス、一九八一年。

同「重力場の量子論Ⅰ、Ⅱ」『科学』岩波書店、一九八〇年、八、九月号。

同『場と時空』日本評論社、一九九二年。


さて、皆さんはこうおっしゃるかもしれません。「どんな現象が起こっているのか、そのお話はよくわかりました。しかし、重力とは何なのですか？　それは何に原因するのですか？　いったいどんな仕掛けなのでしょうか？　惑星が太陽を眺めやって距離を知り、その逆二乗を計算して、重力の法則に合うように運動を自らきめる——あなたはこうおっしゃるおつもりですか？」私は数学的な法則はお話ししましたけれども、裏の仕組みについては手がかりさえも与えませんでした。重力のメカニズムが議論できるものかどうか、それは「数学と物理学の関係」と題するこのつぎの講義でお話しいたしましょう。

最後にこの講義で強調しておきたいのは、お話の途中でふれた諸法則と重力の法則とも共通ないくつかの特徴であります。第一に、重力の法則は数式で表現されており、この点は他の諸法則も同様であります。第二に、それは厳密なものではありません。アインシュタインの修正がありましたし、私どもはさらに量子論を組み入れねばならない。この点も他の諸法則と同じであります。法則にはひとつとして厳密なものはありません。いつもその限界には神秘の影がつきまとい、議論の余地が残っているものです。これが自然の本質なのかもしれず、またそうでないのかもしれませんが、ともかくこれは今日の法則すべてに共通の性格であります。知識が不足しているだけなのかもしれません。

それにしましても、重力の法則が単純であるのは印象的です。法則は単純明快に言い表わされ、異なった解釈を許すあいまいさがありません。それは単純でありまして、そのゆえに美しいのです。私は、重力の法則が形式において単純だというので、重力の作用が単純だと申しているのではありません。もろもろの惑星の運動は、お互い同士の引力の影響を入れたら計算がたいへん複雑になります。球状星団の中の星たちの運動にいたっては、私どもの計算能力を越えてしまいます。現象としては複雑ですけれども、基礎のパターンと申しますか、全体の底にある系統は単純なのであります。これは私どものどの法則についてもいえます。現象としては複雑でも、わかってみると単純なことばかりであります。

重力の法則の普遍性もいっておかなければなりません。その適用範囲は距離で見てもたいへんなもので、太陽系を頭において考えていたニュートンが、キャベンディッシュの実験で何が起こるかを予見できたのであります。キャベンディッシュのちっちゃな太陽系モデルは、二つの玉の引力を示すものですが、一〇兆倍も拡大しないことには本物のサイズになりません。それをさらに一〇兆倍ほど拡大した世界では、星雲たちがまさしく同じ法則によって引っぱり合っているのに出会います。自然はパターンを織り出すのに長い長い糸を使いますので、織物の小さい切れはしでも、全体の構図をあかしてくれるわけであります。

2 数学の物理学に対する関係

数学と物理学の応用を考えますのに、複雑な状況のもとで大きな数が問題になるときには数学が有用であろう――このように考えるのはごく自然であります。生物学を例にとってみましょう。一個のウイルスが一個のバクテリアを襲うのでは、数学の問題になりません。顕微鏡で観察したとしてゆらゆら動くウイルスが奇妙な形のバクテリア――形はそれぞれに異なっています――の一点にくいつく。そしてDNAを注射する場合もあり、しない場合もありましょう。しかし、この実験を何万回もくりかえせば、平均をとることにより、ウイルスについて多くのことがわかる。数学を用いて平均をとりますと、ウイルスがバクテリアの中で増殖するかどうか、どんな種族がどんな割合で生まれるかを知ることができまして、遺伝学や突然変異などの研究が可能になります。

もっと卑近な例として将棋盤をお考えいただきましょう。一手一手は数学の対象にならないか、なるとしても簡単すぎておもしろくありません。しかし想像の上で巨大な将棋盤と多数の駒を考えてみますと、最良の攻め、あるいは良い手、悪い手を解析するには何か深い理屈が必要となり、だれか先達の非常に深い思索の助けを求めることになるでしょう。それがつまり数学というもので、抽象的な推論を扱うのであります。もうひとつ例をあげれば計算機のスイッチ回路です。スイッチが一つで、オンとオフの状態しかないのでしたら、数学者ならこのへんから数学を使いたがるとしましても、数学がとくに入用なわけではありません。しかし、こみいった配線と接続をもった大型計算機では、そのはたらきは数学なしには解けません。

これからただちに、数学というものは、こみいった状況の下に起こる微妙な現象の議論のために、物理学において絶大な応用があると結論することができます。もちろん基礎法則がわかっているとしての話であります。いま数学と物理学の関係だけをお話するのでしたら、私はこの問題に十分の時間をかけたいところですが、これは物理法則の性格についての講義でありますから、複雑な状況の下で何をなしうるかの議論に立ち入る余裕がありません。私はここですぐ物理法則の性格のほうに話を移そうと思います。

さて、将棋に戻りますと、基礎法則にあたるのは駒の動かし方の規則であります。状況がこみいってくれば、与えられた条件の下で最良の手はなんであるか、数学を使って考えをたてることもできましょう。しかし将棋の基礎法則はとどのつまり単純なもので、それを表現するのには数学はいりません。言葉でいえば足りるのです。

物理学でおもしろいのは、基礎法則に対してすでに数学が必要となる点であります。二つの例をあげてみましょう。一方では数学は本当はいらない。他方では入用なのです。第一の例は物理学でファラデーの法則というもの。これは電気分解において、析出する物質の量が電流の強さとそれを流す時間に比例することを述べるものです。いいかえれば、析出する物質の量が流れた総電気量に比例するということです。これは数学的に聞こえますけれども、現象をみれば、電気を運ぶところの電子がそれぞれ一単位の電荷をもっているということでしかない。簡単な例で申しますと、一個の原子を析出するごとに一個の電子が流れるということでありまして、析出した原子の数は流れた電子の数に等しくなるわけです。そのために、析出量は流れた総電気量に比例いたします。数学的にみえた法則も、もとをただせば何もむずかしいことではなくて、数学の知識を必要としないのでありました。それは、一個の原子が析出するのに一個の電子が入用であるという主張も立派な数学でありましょう。でも私が問題にする数学はそのようなものではありません。

つぎに重力に関するニュートンの法則を考えましょう。その特徴は前にお話いたしました。そのときに

$$F = G\,\frac{m\,m'}{r^2}$$

という方程式をお目にかけましたが、それは数学の記号がどんなに手早く情報を伝えるものであるかおわかりいただきたかったからであります。私は、力が二つの物体の質量の積に比例し、それらの距離の二乗に反比例すると申しました。また、物体は力を受けると速度の変化でそれに応えること、すなわち、力の方向に、力の大きさに比例し物体の質量に反比例したある量だけ運動が変化するものだということも申しました。法則の言い表わしとしてはこれで十分なのでして、なにも方程式を書く必要もなかったわけであります。しかしながら、これはどうも数学くさいものであって、こんなものが基礎法則でありうるかどうか疑問に思われます。本当のところ惑星は何をするのでしょう？　太陽を眺めやって距離を見定め、内蔵された計算機でも使って距離の二乗を計算してから自分の動き方をきめるのでしょうか？　そんなはずはありません！　裏のからくりをあなたもお知りになりたいことでしょう。そう望んだ人はたくさんありました。ニュートンも彼の理論について尋ねられたものです。「これでは何もわかりません。何も言っていないではありませんか。」彼は答えました。「これは運動がどのようになるかを述べているのです。それで十分ではありませんか。私は、運動がいかに起こるかを申し上げたのでして、なぜそうなるかを言ったのではありません。」人々は多くの場合からくりを知るまでは満足しないものです。あなた方だってそうでしょう。そこで、考え出されたたくさんの仮説の中から一つを

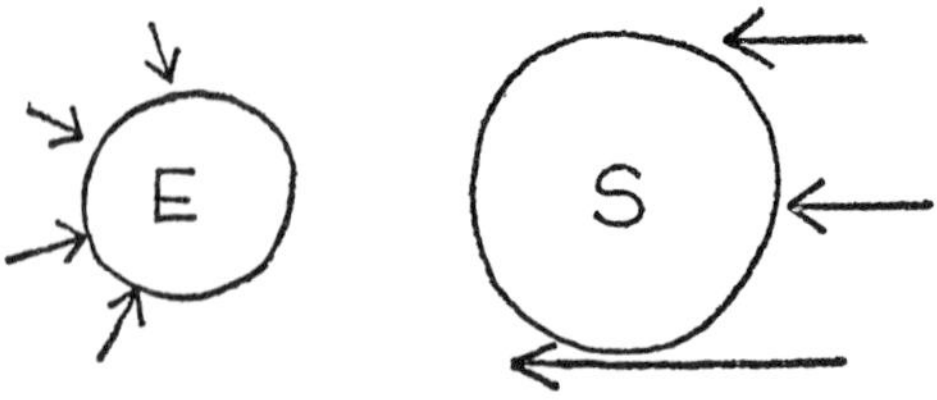

第8図

選んでお話しましょう。これは重力が無数の作用の積み重なりの結果として起こり、そのために数学的な形をとるのだと主張します。

世界にはいたるところ無数の粒子が満ちていて、高速で飛びまわっているものとします。それらはどの方向からも一様に飛来して、たまには私どもの体に激しく衝突します。私たちの体も、そして太陽もほとんどすかすかに粒子を通してしまうのですが、完全に透明なのでなくて、まれには激突が起こると考えるのです。* その結果、なにが起こるでしょう。第8図をごらん下さい。Sは太陽で、Eは地球であります。もし太陽がいなかったら、地球には粒子どもが四方八方から衝突してまいります。すっと通り抜けるものはほとんど衝撃をあたえませんけれど、バンと激突する粒子がいくらかあります。それでも右からくるのがあれば左からもあり、上からくるのがあれば下からもありで、激突がありましても、地球は特にどちら向きに動かされるということがありません。しかしです。太陽がおりますと、その方向からの粒子がいくらか太陽に吸収されます。太陽に激突して通り抜けられなくなる粒子がでる。そうすると、太陽のほうから地球に向かってくる粒子の数は、反対側からくる数より少なくなります。太陽がさえぎるからです。すぐわかりますように、太陽が遠くにあればあるほど、四方八方から地球に降りそそぐ粒子のうち太陽に吸収される分がそれだけ減る。太陽が小さく見えるわけであります。実際、距離の二乗に反比例して小さくなります。そのために、地球には太陽に向かう力がはたらき、その大きさは距離の二乗に反比例して変わることになる。そしてこれは無数の単純な作用のくりかえしの結果であります。起こるのはただの衝突ですが、粒子どもはつぎつぎと四方八方からやってくる。このように考えますと、基本の演算が距離の二乗の逆数を求めるよりぐっと単純化されまして、数学的の関係式もかなりなじみやすくなってまいります。いわば粒子の衝突という描像が計算の肩代りをしてくれたのであります。

＊（訳注）ル・サージュ（Le Sage）の考え。ギリスピー『科学思想の歴史』島尾永康訳、みすず書房、一九六五年、三〇三ページを参照。

この描像で困りますのは、ある理由から前に申した命題が変更を受けることであります。どんな仮説をおたてになった場合でも、それから導かれるすべての結論をよく吟味して、何か新しい予言が得られないかどうか調べなければいけません。今の場合、新しい予言が得られるのであります。地球が運動しますと、粒子が前面からたくさん衝突してまいりまして、後からの衝突をしのぐことになります(雨の中を走れば、雨に突き当たっていくわけですから、顔には後頭部よりも余分の雨があたります。それと同じです)。地球が走りますと、向かってくる粒子群に突き当たっていき、追いかけてくる粒子群からは逃げる形になります。その結果、前面には背面より多くの粒子が衝突してまいりますので、運動がはばまれることになります。これでは地球の軌道運動はだんだんにのろくなるわけで、これまで(すくなくとも)三〇億年ないし四〇億年のあいだ運動が続いてきたことに矛盾いたします。これは仮説の命取りです。「しかしですね」あなた方はこうおっしゃるかもしれません。「あの仮説はかなりのもので、しばらくは私を数式から解放してくれました。なにか改良の道がありそうなものです。」あるいはそうかもしれません。結局どこまでゆけるものか、いまだれも知らないのです。ただニュートンの時代から今日まで、重力の法則の背後にある数学のからくりについて、同語反復にすぎなかったり、数学をかえってむずかしくしたり、あるいはまちがいの予言をしたりという難点のない理論は遂に発明されなかったのは事実であります。こんなわけで、今日、重力理論のモデルは、数学的形式のほか存在しないのです。

この種の法則が重力法則だけであったら、それは興味深くまた同時に頭痛の種となったでしょう。しかし、実際は、研究が進むにつれて、法則の発見が重なり自然の理解がより深まるにつれて病根のますます深いことを思い知らされるばかりでした。私どもが知っているどの法則も純粋に数学的なもので、入り組んだ難解な数学の言葉で述べられておりまず。重力の法則をニュートンが述べた形は単純なほうです。研究が進むと、それだけ神秘の影がさし、どんどん難解なものになっていきます。なぜそうなのか、私にはぜんぜん見当もつきません。いま私にできるのは、この事実を皆さんにお伝えすることだけでありまず。数学の深い理解なしにでも自然法則の美しさを肌身に感じとっていただけるようにお話ができたら本当によいのですが、それが不可能であるということばかり強調する結果になるのが、この講義の辛いところです。まことに申しわけありませんけれども、これが実際なのです。

あなた方は、こうおっしゃるかもしれません。「よろしい。法則に説明がつかなければ、せめてどんな法則があるのか教えてください。記号でなく言葉で話していただけませんか？　数学だって言葉でしょう。私はその翻訳ができるようになりたいのです。」記号でなく言葉で話すことは、辛棒づよくやれば可能です。いままでだって、かなりそうしてきたつもりです。説明をもう一歩進めて、距離を二倍にしたとき力は四分の一になる等々とていねいに述べることもできたのです。どの記号も言葉でいいかえられます。専門家でない方々が私の説明を希望に満ちて待ち望むようにする、そんな親切も可能であります。いろんな学者がいまして、それぞれに精妙でむずかしい問題をやさしい言葉でしろうとに説明する特技を誇っております。そのためにしろうとの方々は、問題がむずかしくなるごとにつぎつぎと本をあさってわかりやすい説明を捜すのです。一冊の本を読み進むにつれて混乱がふえ、こみいった文章が目白押しに並び、わからないことがつぎつぎに現われて話のつながりが見失われてしまう。こうして困ってしまうと、彼は何かほかの本にならもっといい説明があるだろうと考える。この著者ので、だいたいはわかったのだから、また別の著者なら上手に説明してくれるだろう……。

私の考えはちがいます。数学はたんに別の言葉というだけのものではないと思うからです。数学は言葉プラス推論であります。言葉プラス論理なのであります。数学は推論の道具なのであり、事実、人々が注意深く考え推論をした結果の集大成にほかなりません。数学を使えば一つの命題を他の命題に結びつけることができます。たとえば、力は太陽のほうに向いているという命題があります。いま、太陽から惑星まで一本の直線を引き、この直線を動径とよぶことにしましょう。さらに一定の期間——かりに三週間とします——だけたった後の惑星の位置までもう一本の動径を引くとき、太陽と惑星を結ぶ動径がその三週間に掃過した面積は、つぎの三週間に掃過する面積に等しく、そのまた先の三週間でも、一般に、太陽をぐるっと回る間のどの三週間をとっても同様であるという命題もあります。

どちらの命題も私はごくていねいに説明することができます。しかしながら、なぜこれら二つの命題が同じ内容なのかを説明することはできません。自然は一見たいへんに入り組んだ構造をもっており、そこにいろいろなおもしろい法則やら規則やらがある。それらをいちいちていねいにご説明してきたわけでありますが、実はあれやこれやが互いに深く関連しております。たくさんの事実のうち、論理的に一方から他方が導かれるという関係にあるものが多いのですけれども、数学がわかりませんと、その関係を見抜くことができない。

力がつねに太陽の方角に向いていることから一定時間のうちにはいつも一定の面積が掃過されることが証明できると申し上げても、お信じにならないかもしれません。その証明をいたしましょう。そうすれば、二つの命題が本当に等価であることがわかり、二つを別々に承知しているのより、より以上に深い理解が得られるでありましょう。私は二つの命題の関連を明らかにし、推論だけによって一方から他方に移れることを示すと同時に、数学がまさしく推論の体系であることの説明としたい。これで命題の結びつきの美しさがわかっていただけると思います。これから私は、力がつねに太陽のほうを向いているならば、等しい時間内にはいつも等しい面積が動径によって掃過されるという関係を証明いたします。

太陽と一つの惑星を考えまして(第9図)、ある時刻にその惑星が1という位置にいたとします。惑星の運動は、一秒後に位置2までやってくるようなものであるとしましょう。さて、もしも太陽が力を及ぼさないのでしたら、ガリレオの慣性の法則によりまして惑星は直進を続けるところです。そこでもう一秒たちますと惑星はまえの一秒と同じ方向に同じ距離だけ進み位置3にまいります。いま私が証明しようとしておりますのは、力がはたらかない場合には、等しい時間内には等しい面積が動径によって掃過されるということであります。三角形の面積は、底辺かける高さ割る二であるということを思い出してください。高さというのは頂点から底辺までの垂直距離のことです。第10図のような鈍角三角形の場合、これはADになります。底辺はBCです。さて、力がぜんぜんはたらかないとして、動径によって掃過される面積を調べましょう。第9図をごらんなさい。距離1-2と距離2-3とは等しいのでした。では面積のほうはどうでしょう。太陽と二つの点1、2のつくる三角形を考えます。惑星が1から2に動くまでに、動径によって掃過されるのは、この三角形の面積であります。その面積はいくらでしょう? 底辺1-2に高さ、すなわちSから底辺にいたる垂直距離をかけて、二で割ったものです。惑星が2から3まで動くときにつくるもうひとつの三角形ではどうでしょう? その面積は底辺2-3かけるSまでの高さ割る二であります。二つの三角形は同じ高さをもち、さっき申しましたとおり同

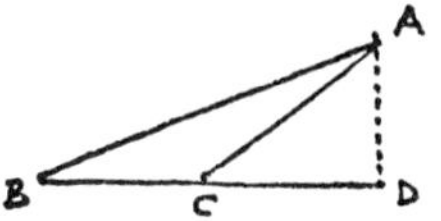

第 10 図

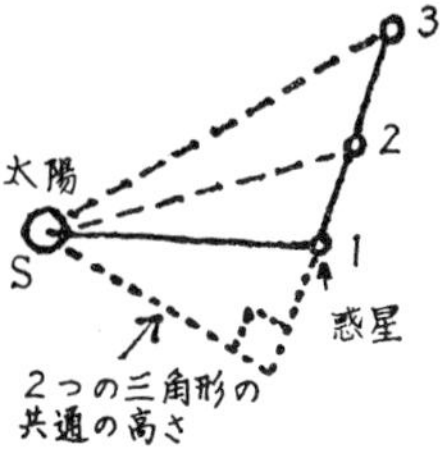

第 9 図

じ底辺をもっている。したがって面積も等しいことになります。ここまではよろしい。太陽からの力がもしなかったら、動径は等しい時間のあいだには、等しい面積を掃過するということがわかりました。実際はしかし力がはたらいている。惑星が1-2-3と動いていく間、太陽は惑星を引っぱり続け、その運動を自分のほうに向けようといたします。いま真中の点2をとりまして、惑星が1から3までいく間の運動の変化はつまり直線2-Sの方向に起こるのだとしても、まあ良い近似になるでしょう。第11図をごらんください。

つまりこういうことです。惑星は直線1-2の上を運動してきたので、もし力を受けなかったならば、そのまま運動を続けるところだったのに、実際には太陽に引っぱられまして、運動は2-Sという線に平行な方向にある量だけ変わる。そのため、惑星の欲する直線運動と、太陽の作用でひき起こされる運動変化との合成が実現することになります。惑星は3の位置にはきませんで、4の位置にくるわけであります。さ

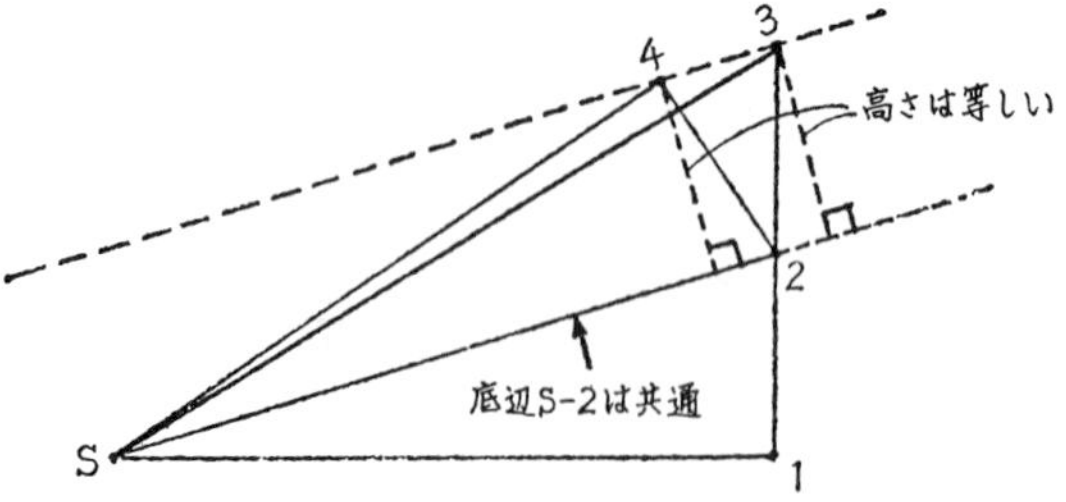

第 11 図

て、私どもは三角形Ｓ２３とＳ２４との面積を比べたいのです。この二つの面積が互いに等しいことを証明しましょう。まず底辺Ｓ-２は両者に共通です。高さも同じでしょうか？　もちろんです。それは、三角形が両方とも共通の平行線にはさまれていることからわかります。頂点４から底辺Ｓ-２までの距離は、頂点３から底辺Ｓ-２(の延長)までの距離に等しいのです。これで三角形Ｓ２４の面積がＳ２３の面積に等しいことがわかりました。前に証明しましたようにＳ１２とＳ２３は面積が等しいのでありますから、結局Ｓ１２＝Ｓ２４がいえます。こうして、惑星の実際の軌道運動において、はじめの一秒とつぎの一秒とに動径が掃過する面積が相等しいことが導かれました。私たちは、力が太陽に向かっているという事実と、面積が相等しいという事実との結びつきを推論によって見出したわけであります。どうです。たいしたものでしょう？　実はこの論法、そっくりそのままニュートンからの借りものです。図もなにも全部『プリンキピア』からとったのです。もちろん図に書きこんだ文字はちがっています。ニュートンはラテン文字を使ったのですが、私はそれをアラビア数字に直しました。

ニュートンはその本で証明をすべて幾何学的に行ないました。私どもは今日そのような論法は使いません。記号を駆使いたしまして解析的に推論を進めるのが普通であります。うまいこと三角形をつくり、面積の関係に気づくというのは勘がよくないとできないものです。そもそも、どのように議論をたてるべきか考えだすのがむずかしい。しかし、解析の方法がいまや進歩をとげまして、速くかつ能率的に推論ができる。新しい数学の記号を用いて解析をしたらどのようなことになるか、つぎにお目にかけることにいたしましょう。記号さえ並べていけば考えが進む仕掛けになっていることがおわかりになると思います。

さて、動径の掃過する面積がどんな速さで変化するかが問題なのですから、いまその二倍を考えて $\dot{\vec{A}}$ としましょう。面積が変化するのは動径がまわる場合にかぎりますので、面積変化の速さをきめるのは動径に垂直な速度成分、これに動径の長さをかけたものになります。つまり、動径距離 $\vec{r}$ に速度をかける。そして速度というのは動径が変化していく速さ $\dot{\vec{r}}$ なのですから、

$$\dot{\vec{A}}=\vec{r}\times\dot{\vec{r}}$$

という式が書けることになります。変化の速さのことを変化率とよぶのが便利です。そこで問題は、面積の変化率そのものが時間とともに変化をするかどうか、私たちは、それが変化しないことを証明したいのです。それには微分をもう一度してみるのがよろしい。微分というのは記号の頭にまちがいなく点をのせるというだけの技でありまして、それ以上ではありません。その手法を学んでおくことは必要です。一連の規則があるのですが、それらは、今のような場合にたいへん便利だからということで、先輩たちが見つけ出しておいてくれたものであります。こうやるのです。

$$\ddot{\vec{A}} = \dot{\vec{r}} \times \dot{\vec{r}} + \vec{r} \times \ddot{\vec{r}} = \vec{r} \times \vec{F}/m$$

中辺の第一項は、速度に垂直な方向の速度成分をとれということですが、それはゼロ。速度は自身と同じ方向を向いているからです。$\vec{r}$に二つの点をのせたものは、二度微分、つまり加速度でありまして、これは力$\vec{F}$を質量で割ったものに等しい。

この方程式は、面積の変化率のそのまた変化率が動径に垂直な方向への力の成分に比例することを示しています。ところが、その力が動径の方向を向いておりますと、

$$\vec{r} \times \vec{F}/m = 0 \quad \text{すなわち} \quad \ddot{\vec{A}} = 0$$

これはまさしくニュートンが主張したことであります。動径に垂直な方向には力がはたらかないために、面積の変化率は変化をしないのです。いろんな記号を操ってするこの種の解析がどんなに強力であるか、ちょっと一例をお目にかけたわけであります。ニュートンも、このやり方を多かれ少なかれ知っていた。使った記号はちがいますが、内容はまあ同じであったといってよい。それなのに彼がなぜ幾何学的な説明法をとったのかと申しますと、彼の論文を人々が読めるようにするためであります。私がいま説明しましたような微分法という数学はニュートンが発明したもので、当時の人々はぜんぜん知らなかったのです。

これは数学と物理学の関係を示すよい例になると思います。物理の問題で難関にぶつかりますと、私どもはしばしば数学者に相談をかけます。彼らが類似の問題をあれこれ研究して推論の仕方を整えておいてくれたかもしれない。もしそうなら、私たちはそれを学べばよろしい。そうでない場合は、私たちは自分で推論の仕方を発明しなければなりません。あとから数学者の手に渡してやるのです。何につけ注意深い推論をすれば、そのたびに何かものの考え方について知識なり経験なりをふやすことになるものであります。それを抽象して数学教室にまわせば、彼らは本を書いて数学の新部門をつくり出すでしょう。ともかく、数学というものは一つの命題から別の命題を導く方法であります。それはもちろん物理学の役に立ちます。ものの言い表わし方がいろいろあるのはよいことですし、数学は論理の展開を可能にし、またこみ入った状況を分析する方法を与えてくれます。いろいろ異なった命題の結びつきを明らかにしたいとき、数学を用いて、法則をさまざまの形に変形して考えることもできるのです。実際、物理学者が空で覚えていることなど、その量は知れています。一つのことから他のことを導き出す規則さえ知っていれば、それで十分なのです。毎秒の出来事についての命題、力が動径方向を向いているという命題など、どれも推論によって関連づけられるのですから。

ここでおもしろい問題が起こってまいります。全体を導き出すのにはここから出発すべしといった類の特別の命題はあるでしょうか？　自然の示すなんらかの規則性とかパターンとかをよりどころにして、どの命題がより基本的で、どの命題は二次的な性格のものという区別をたてることができましょうか？　数学で申しますと二通りの考え方がある。この講義では、バビロニア式とギリシア式ということにいたします。バビロニアの学校では、数学を学ぶのに、生徒は数多くの例題を解かされたものです。例題を解いているうちに何かを悟るだろうというわけで、一般的な規則を感得するまでそれを続けるのです。彼らは幾何学に精通し、円の性質のあれこれ、ピタゴラスの定理、矩形や三角形の面積を求める公式、なんでも知りつくしていたもので、そのうえに、推論の方法もいくらかわきまえておりましたから、一つの命題から別の命題を導くこともできなかったわけではありません。数表も大きなのがあって、それを使えばやっかいな方程式を解くこともできました。何につけ計算ではじき出すのに不自由はなかったのであります。そこにユークリッドが現われました。そして、ギリシア式の考え方をだしました。彼は、幾何学の諸定理を順序よく並べると、それらは少数のとりわけ単純な公理からつぎつぎに導き出されるということを発見したのです。バビロニア式の考え方、すなわちバビロニア数学においては、人はいろんな定理を知りつくし、諸定理の間の関係も数多く知っていましたけれども、しかし全体が少数の公理から導かれてしまうとはついぞ気づかなかったのであります。現代の数学は公理と証明に専心いたします。公理として何を許し、何を許さないかの約束をきっちり守って、その枠内で議論をする。現代の幾何学はユークリッドの公理群に似たものを採用し、もちろん修正を加えて完全にするのですが、そこから全体系を演繹いたします。たとえば、ピタゴラスの定理(直角三角形について、直角をはさむ二辺にのせた正方形の面積の和は、斜辺にのせた正方形の面積に等しい)みたいなのは、公理にしません。しかし、幾何学を別の観点から、つまりデカルト式にみるときには、ピタゴラスの定理は公理になります。

こんなわけですから、数学においても出発点はさまざまでありうるのです。このことをまず確認しておかなければなりません。もし、いろいろの定理をすべて推論によって関係づけることが可能ならば、「これこそが真に基本的な公理群である」という主張はナンセンスになります。別の公理群をとることは推論の道行きを逆さにするだけの話だからです。たくさんの人数でブリッジをするようなもので、組合せができすぎるくらい。カードが一枚や二枚なくたってなんとかなってしまうのです。それに反し、今日の数学では、便宜的に選び出したある設定を公理ときめて出発し、その上に定理や系を構築するということをいたします。私がバビロニア式とよんだ流儀はちがう。「こいつをたまたま知っているし、あれも知っている。これもまあ知っているとしてよかろう。よし、ここから出発して他のことを導くことにしよう。明日はもうその前提を忘れてしまうかもしれないが、それでもいいさ。正しい命題が何か思い出せるだろうから、それを基にやり直すまでだ。どこから始めてどこに行き着くのが本当なのか、はっきりしたためしがない。それでも困りはしないよ。記憶がうすれ、あれこれの命題が消えてしまっても、全体をまた初めから組み上げるのに十分な程度には、いつだって何かしら思い出せるものだ。」

つねにきまった公理から出発するというやり方は、定理をみつける能率的な方法ではありません。幾何学を用いて何かをしようとするとき、いちいち公理まで立ち戻るのではたいへんです。幾何学において記憶すべきことが二つか三つしかないために、忘れてしまう心配がない。あとのことはなんでも導き出せるというのは結構な話ですが、しかし、場合に応じて勝手なところから出発するというほうが、はるかに能率的であります。どれが最良の公理であるかきめてかかるのは、全体を見通すのに必ずしも便利でない。物理はバビロニア式にするべきであって、ユークリッド式あるいはギリシア式にするものではありません。それはなぜなのか。つぎに説明をしましょう。

ユークリッド式が困るのは、公理のほうが他のことよりも興味深く重要であるという印象を与えがちだからです。重力を例にとりますと、私どもはこんなことを問題にしました。力が太陽に向かっているという命題と、等しい時間内には等しい面積が掃過されるという命題とでは、どちらが重要だろうか？　どちらがより基本的であるか、公理としてはどちらがよいか？　力でいったほうがよい場合があります。たくさんの惑星を相手にする場合には、惑星同士の引合いのために軌道が正確には楕円でなくなりますが、しかし、力についての命題を用いればこの系を扱うことができる。面積速度が一定という定理の負けであります。こう考えると、力の法則のほうを公理にしたくなるでしょう。一方、面積速度一定の原理は多数の粒子を含む系にも拡張されます。言い表わしはこみいってまいりますし、もともとの命題ほどきれいではありませんけれども、直系の子孫にはちがいない。多数の粒子、たとえば金星、土星および太陽、それに他の星どもも入れて考えます。これらはどれもお互いに引力を及ぼし合っております。遠くの遠くから眺めますと、ある一平面に投

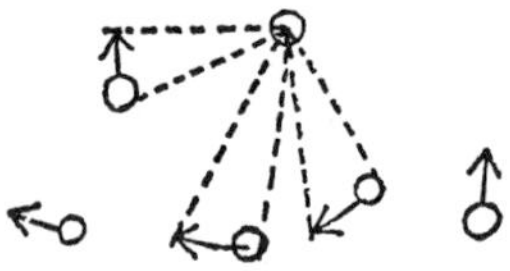

第 12 図

影した運動が見られることになります（第12図）。粒子たちは、それぞれかってな方向に運動しておりますが、平面上に任意に一点を定めまして、この点から粒子の位置まで引いた動径がどれだけの面積を掃過するか計算いたしましょう。前とちがって、重い粒子の分にはそれだけの重みをつけます。ある粒子が別のひとつより二倍だけ重いなら、面積も二倍に数えるのであります。それぞれの動径が掃過する面積に当の粒子の質量をかけ、全体を加え合わせますとこの合計は時間がたっても変わらない。一定であります。この合計を角運動量とよび、これが一定であることを角運動量保存の法則と申します。保存というのは変化しないという意味です。

この法則からこんなことが出てまいります。数多くの星どもが互いの引力で集まってまいりまして星雲が形成されていくところをご想像ください。初めは、みんな遠くの遠くにあって、中心からの動径は長いのですけれども、動きがのろいために、動径の生成する面積もそれほど大きくはないのです。お互いが近寄ってくるにつれて中心までの距離が小さくなる。星どもみんながうんと真中に寄ってきたときの動径はごく短い。そうしますと、毎秒毎秒に前と同じだけの面積を生成するためには、何倍も何倍も速く動かなければならないことになります。星たちは、真中に集まってくるにつれて速度を増し、激しく渦巻くようになるわけです。渦状星雲の形は定性的にはこのようにして理解されるのであります。スケート選手がスピンをするのも同じようにして理解できます。初めは足を開いてゆっくり走りますが、やがて足をすぼめるとスピンが速くなる。足を開いておけば、毎秒なにがしかの面積を得するのですが、すぼめてしまいますと、その分の面積をかせぐために、ひとりでにスピンが速くなるわけであります。しかし、私は、スケート選手の場合の証明をまだしておりません。スケート選手は筋力を使うのであって、重力ではありません。それでも、角運動量保存の法則はスケート選手にもあてはまるのです。

これはおもしろい問題です。重力の法則みたいに物理のある一隅から導き出した定理が、その実、はるかに広い範囲で正しいことが判明する。こんなことがしばしばあるからおもしろいのです。数学ではこんなことはありません。定理が証明の前提を越えて成り立つことはない。物理学の公理は重力場における面積速度一定の法則であると、かりにこういってしまったら、角運動量の保存則は導き出せるにちがいありませんが、それは重力場で通用するだけになってしまいます。ところが、私どもは実験というものによりまして、適用範囲が本当はずっと広いのだということを発見いたします。ニュートンは、もっと別の公理から角運動量の保存を導きました。しかし、ニュートンの公理はまちがっていた。力なんていうものはない。あれはたわけである。粒子は軌道なんかもたないのだ、……等々。それでもなお似顔は見つかるのでありまして、面積速度一定の原理とか角運動量保存の法則とかを正しくいいかえることができる。それらは量子力学に従う原子の世界の運動に対しても成り立つのです。私たちの研究が及ぶかぎりのところで、それらの法則は今日なお厳密に成立している。こんな具合に、いろんな異なる前提を総なめにする形で広く成り立つ原理があるわけですから、その導き方にこだわって、前提があるから結論があるのだと神経質に考えているようでは、物理のいろんな分野のつながりが理解できません。もちろん、いつの日か物理学が完成して法則がことごとく知れてしまった暁には、公理系から始めることもできるでしょう。きっとだれかがきっちりと体系をたてて、すべてが公理から導けるようにしてくれるでしょう。しかしながら、法則が全部わかってしまうまでは、わかっていることを手がかりに、証明を越えて成り立つ定理を当て推量で捜すより仕方がありません。事実、それは可能であります。物理学の理解のためには、均衡の感覚が必要であり、またさまざまの命題やそれらの関連をすっかり頭に入れておく必要があります。法則はしばしば本来の領域をはみ出していくからであります。こんな方法に頼らなくてよくなるのは、法則が全部わかってしまったときだけです。

さて、数学の物理学に対する関係を考えます場合、おもしろいことがもう一つあります。

おかしな話ですが、見かけ上はぜんぜんちがった点から出発しても同じ所に到達する――こんなことが可能であるということを数学的の議論によって示すことができるのです。当り前だとおっしゃる方があるかもしれません。公理から出発する代わりにどれかの定理から話を始めてもよろしい。それはそのとおりですけれども、物理学の諸法則はたいへん精妙にできておりまして、等価でありながら異なった形の命題というのが性格的に全くの別物に見える。これがおもしろい点であります。その例をお目にかけるために、重力の法則を三つの異なる仕方で表現してみましょう。それらはみな完全に等価でありながら、また完全に異なっております。

第一の表現は、二つの物体の間には力がはたらき、その力は以前に書いた方程式

$$F=G\frac{mm'}{r^2}$$

に従うというものです。どんな物体も、力を受ければ加速されます。毎秒きまった変化率で運動が変わるのです。以上が法則の普通の言い表わしであります。ニュートンの法則とよぶことに致しましょう。この言い表わしでは、力がある距離はなれた遠くの物体によって定まることになっています。いわゆる非局所性であります。ある物体にはたらく力が、どこか遠くの物体の位置いかんに依存するのです。これは遠隔作用です。

遠隔作用にはなじめないとおっしゃる方もありましょう。遠くの遠くで何がどうなっているか、ここの物体にわかるはずがないではないか。よろしい。重力の法則の別の表現をお話しましょう。それは奇妙なものです。場の理論といわれています。うまく説明するのはむずかしいのですけれど、だいたいどんなものであるかをお話したいと思います。言葉からしてちがっている。空間の各点に数が分布していまして(数がそこにあることは確かですが、私は裏のからくりを知りません。そのために、物理的な説明ができない。どうしても数学的になってしまうのです)、その数は場所場所でちがっております。物体を空間の一点におきますと、それにはたらく力は、その辺の数が最も急に変化する方向に向くのです(慣例に従ってその数をポテンシャルとよびましょう。力はポテンシャルが最も急勾配で減少する方向にはたらくのです)。力の大きさはその辺でどのくらい急にポテンシャルが変化するかに比例します。これは重力の法則の半面でしかありません。まだ、ポテンシャルの変化がどのようにして定まるのかを説明してないからです。ポテンシャルは物体からの距離に反比例して変わるといってもよいのですが、それでは遠隔作用に逆もどりです。私たちは法則をもっと別の形にして、ある小さい球の内部はともかく、外部ではどこで何が起ころうと関係ないというふうに表現することができるのであります。その球の中心におけるポテンシャルをお知りになりたいときは、その球の表面におけるポテンシャルの値だけ私に教えてくだされば、それで十分。球はどんなに小さくてもよろしい。そして外部にかかずらう必要はいっさいありません。問題の点の近傍のポテンシャルと、球の内部にどれだけの質量があるかだけ私に教えてくだされば結構です。計算の仕方を申しましょう。中心におけるポテンシャルは、球の表面のポテンシャルの平均から、以前に別の方程式で使った重力定数G、このGを球の半径(aとします)の二倍で割って球内の質量を掛けたものを引けば得られる。ただし、球が十分に小さいとしての話であります。

$$\text{中心におけるポテンシャル}=\text{表面の平均ポテンシャル}-\frac{G}{2a}\times(\text{内部にある質量})$$

この法則が前のと異なっていることはおわかりでしょう。この法則は、ある点の出来事を、そのごく近傍の出来事だけでもって表わしきっている。ニュートンの法則として述べた形では、ある時刻の運動は、それは近接した別の時刻の運動と力とによって決定されます。時間については、瞬間の運動から力を考慮してつぎの瞬間の運動をきめるという具合に、計算を進めるわけであります。それに反して空間のほうは遠隔作用のひとっ飛びでした。こんどの新しい表現は、時間についても局所的、空間についても局所的になっている。どちらも近傍のことだけで話がきまってしまうのです。こういう性格上のちがいにもかかわらず、これら二つの表現は数学的には完全に等価であります。

第13図

さらにもう一つ全く異なった表現がありまして、フィロソフィーも、用いる概念の性格もちがっております。遠隔作用がおきらいならばということで、私はそれなしでもすませることをお話しました。今度のは考え方がまるで反対です。作用がどう伝わっていくかは、初めから問題にいたしません。すべてが大局的な表現におしこめられてしまいます。それはこんな具合であります。粒子がたくさんあるとしまして、その中の一つの運動が知りたいといたします。それを知るのに、私たちは与えられた時間のうちに、粒子がある場所から別の場所までいく可能な運動を考えてみるのです。第13図をごらんなさい。粒子が一時間を使ってXからYに行きたいものとします。このとき粒子がどんな道を通るか――これが問題であります。この問題を解くのには、XとYを結ぶいろんな曲線を考えて、それぞれについてある量を計算するのです(それがどんな量かは伏せておきたいと思います。ただ、術語をご存知の方にはちょっと申しますが、それは運動エネルギーとポテンシャル・エネルギーの差を道筋の上で平均したものです)。この量をある道筋について計算し、つぎに別の道筋について計算するというふうにしますと、結果は道筋ごとにちがってくる。しかし、最小の値を与える道筋がひとつありまして、それこそ粒子が実際にたどる道筋*なのであります！　実際の運動、たとえば楕円を言い表わすのに曲線全体にかかわるある量をもってするわけです。粒子が引力を感じとって、それに応じて動くのだという因果の思想はどこかへいってしまいました。その代わりに、なにかおそろしい能力によって、粒子はさまざまの曲線を全部いちどきに感知し、あらゆる可能性を比較したうえで、どの曲線を自分の道筋として採るかを決定するというわけです（さきほどの量が最小になる道を選ぶのであります）。

* （訳注）ここで「道筋」（原著では route）といっているのは、実は横軸に時間 t、縦軸に粒子の位置 x をとったグラフ面に粒子が描く軌跡 $x=x(t)$ のことである。

この例は、自然を記述するのにいかにさまざまの美しい方法があるかを示しています。自然は因果性をもっているはずだという人にはニュートンの法則を提示することができます。最小原理でもって記述すべきだといわれたら、いまお話した第三の方法を使えばよろしい。いや、自然には局所的な場が存在するのだと言い張る人に対しては――もちろんお気に召す答が差し上げられます。こうしたさまざまの表現が、もしも数学的に正確に等価ではないのだったら、すなわちどれかが他のとちがった結論に導くのであったら、私たちはただちに実験をして、自然がどの法則を選ぶかを見きわめるまでのことであります。哲学的な議論によって、これこそがよい法則だなどと強弁する人もあるいはいるかもしれません。しかし、私どもは多くの経験から、自然の振舞いに関するどんな哲学的直観もはずれることを学んでおります。要するに、可能な帰結を洗いざらい捜し出して、一つ一つの理論について当たってみるよりほかないのです。とにかく、今の場合、三つの理論は正確に等価なのであります。数学的には、ニュートンの法則、局所場の方法、それから最小原理とこの三つが全く同じ帰結を与えるのです。それでは、どうしたらよいか？ どんな本をお読みになっても、科学的にはどれを選ぶ理由もないと書いてあるでしょう。そのとおりなのです。三つは科学からみて等価なのです。すべての帰結が同じなのですから、実験による区別ができず、したがってどれを選ぶということもできないのであります。しかしながら、心理的には、三つの理論は二つの面で非常に異なっております。第一に、哲学的な好き嫌いということがあるでしょう。この病気をなおすのは修練しかありません。第二に、新しい法則を当て推量で捜すときには、それぞれの表現は完全に異なる方向をさし示し、つまり心理的なちがいをあらわすということがあるでしょう。

物理学がまだ不完全で、よりよい法則を私どもが捜している間は、新しい状況のもとで何が起こるかについて、異なった定式化は異なった手がかりを与えるものであります。そうだとすれば、もっと広範囲にあてはまる法則はどんな形になるかの暗示を与える仕方からいって、それらはもはや等価でない。心理的に等価でないわけです。例をあげましょう。

アインシュタインは、電気的の信号が光より速くは伝わらないことに着目しました。そして、これは一般原理を示すのではなかろうかといったのです(角運動量というものを考えて、保存則の証明できる場合から推して宇宙のほかの現象でも同様であろうとした、あれと同じ当て推量のゲームであります)。その原理は何にでもあてはまるのだと彼は推測し、それなら重力にだってあてはまると考えたのです。信号が光速より速くは伝わらないとしたら、遠く離れた物体が及ぼし合う力を同時的なものとして記述するのは事実にそぐわない。重力理解をアインシュタインが拡張したあとは、ニュートン式の物理の記述は絶望的に不適当で猛烈に複雑ということになりました。それに反して、場というものを使う方法は、すっきりとして単純であります。最小原理も同様です。この二つには、まだ優劣がつけられません。

本当をいえば、量子力学までできたとき、そのどちらも私がさきに申し上げた形のままでは成り立たないことになったのです。しかし、最小原理というものが存在するのは確かでありまして、それは極微の世界で粒子が量子力学に従っているからだということが判明いたしました。現在、最良と考えられる法則は、実のところ最小原理と局所的な法則とをいっしょにしたものであります。私どもは今日、物理法則は局所的な性質のものでなければならない、また最小原理もそなえているはずだと考えているのですが、真実がどこにあるかはわかりません。ある体系があって、それは部分的には正しいが何かまちがっているはずだという場合に、ちょうどうまい公理系が選んでありますと、いくつもの公理のうち一つだけが壊れて他は生き残るということになる。ほんのちょっとの修正でことがすむわけでありますが、別の公理系だったら、その一つが決定的で、それが壊れると全体系がまるまる潰れてしまう——こんなこともありそうです。局面打開のためにどの方法が最適であるか、勘をはたらかせる以外にはいまから予言はできません。つねにいろんなものの見方を頭に入れておかなければならないのであります。物理学者たる者はバビロニア式に数学を使うのであって、凍りついた公理系からする厳密な議論にはほとんど興味をもちません。

自然を解釈するのにさまざまの体系が可能であるという事実、これは自然の驚異的特徴のひとつであります。思うに諸法則がまさにそのような特徴をもっており、デリケートでかつ特別だからこそこれは可能なのです。たとえば、法則が逆二乗の形だから、それは局所的でありうるわけです。もし逆三乗だったらこうはいきません。また、力が速度変化に関係しているからこそ最小原理という解釈ができるのです。速度の変化率でなくて位置の変化率に力が比例するとしたら、法則は最小原理の形には書けません。法則を変更してみると、それだけ表現形式が少なくなることがわかります。私はいつも不思議に思っているのです。物理学の正しい法則にかぎってなぜべらぼうに多様な表現ができるのでしょうか、私にはその理由がわかりません。同時にいくつもの入口からはいれるみたいなものです。不思議です。

数学と物理学の関係について、もうすこし一般的なことを二つ三つ申し上げておきたいと思います。数学者というものはもっぱら推論の仕組みを議論するのでありまして、どんなものを扱っているのかは問題外です。議論しているのがどんなものであるか、あるいは彼らの言葉をかりていえば、彼らの議論が真であるかどうかさえ知る必要がないというのです。もう少し説明をいたしましょう。公理系は、これこれはこうで、これこれはこうだということを述べるものであります。それでどうするか？　論理をたてるのですけれども、そのとき、これこれはうんぬんといった言葉が何を意味するのかを知っている必要はありません。公理系が注意深く述べられていて、しかも完全であるならば、論理をすすめる人は言葉の意味など知らなくても、その言葉を操って新しい結論を導き出すことができる。公理の一つに三角形という言葉があったとしますと、それから導く定理のなかにも三角形に関するものが出てくるでしょう。ところが証明をする人は三角形とはなんであるかを知らないかもしれない。それでも私は彼の証明を読み返して「ああ三角形か。つまり辺が三本あるあれだな」と知ることができます。彼の新しい定理の内容もそれで理解されるのです。いいかえますと、数学者は抽象の世界で推論の方法を整備して、現実世界についての公理を私どもが立てさえすれば、それにただちに応用がきくようにしてくれるわけであります。物理学者たる者は、つねに自分の言葉の意味をわきまえています。これは重要なことなのに、数学のほうから物理に入ってこられる方は、往々にして見落としていらっしゃる。物理学は数学でなく、数学は物理学でありません。お互いが助け合うことは事実です。物理学においては、用いる言葉が現実世界にどう対応しているかを知っていなければ話になりません。とどのつまり結論は言葉で表現し、現実世界の出来事、つまり実験機械の銅や硝子の仕組みに翻訳しなければならないのです。こうしたときはじめて結論の正否が判定される。ここのところは、まったく数学にはない事情であります。

もちろん、今日まで開発されてまいりました数学的の推論法はたいへんに強力なものでありまして、物理学者は非常なお世話になっております。また一方、物理学者の推論形式も数学者の役にたつことがあります。

数学者たちはできるかぎり一般的に議論を展開しようといたします。「普通の三次元空間のことで、ちょっとお尋ねしたいのですが……」と彼らに申しますと、答はこうです。「n次元の空間について、これこれの定理が証明されています。」「いや、三次元の場合を知りたいのです。」「よろしい。$n=3$とおきなさい。」こんな具合です！　それで、数学者の複雑な定理も、特別の場合にあてはめるとぐっと簡単になってしまう。物理学者が興味をもつのは、いつも特別の場合だけであります。一般の場合にはけっして関心を示しません。何か現実のものが問題なのです。何から何までいっしょくたにして抽象的に扱うことはいたしません。三次元の空間における重力を研究したいのでありまして、n次元空間に任意の力があってうんぬんという議論はけっしてしないのです。数学者はずっと広い問題に対して道具立てをしてくれているのですから、まずある程度の切り捨て、整理が必要になります。しかし、大がかりな道具立ても非常に有用であることに注意しておかなければなりません。たいてい後になってから、哀れな物理学者はまた戻ってまいりまして、こう言うのです。「あのう、四次元空間のお話のときはたいへん失礼をしてしまって……。」

何を問題にしているかはっきりしており、この記号は力を表わし、これは質量すなわち慣性などときまっております場合には、常識がフルに活用できます。安心感がある。さまざまの経験がありますので、問題の現象がどうなっていくかだいたいの見当がつくからです。数学者というのはなんでも方程式に直します。哀れなことに、彼にとって記号はなんの意味ももたないのでありますから、数学的厳密性と注意深い推論とのほかには道案内がありません。物理学者はといえば、答がどうなるかだいたいわかっていますから、当て推量がきくわけで、かなり速く進むことができるのです。非常にきっちりとした数学的厳密性というものは、物理学ではそれほど役に立ちません。しかし数学者を非難してはいけないので、物理学に有用だからといって数学者がそのとおりにする必要はない。彼らは彼らの仕事をしているのです。何か別なものが欲しかったら、自分で作り出すべきであります。

つぎの問題は、新しい法則を当て推量で捜していく際に、なんとなく安心感があるということを頼りにしたり、「最小原理はきらいだ」「遠隔作用はいやだ」「いや、遠隔作用はよい」――こういった哲学的の原理を使ったりすべきかということであります。模型は、どの程度まで役に立つでしょうか？　模型が役に立つ場合が多いのはおもしろいことです。物理の先生方は生徒に模型の使い方を教え、事物がどのように展開していくかの感じをつかませようと努めておられます。しかし、歴史を見ますと、最大の発見はいつも模型を捨象するところから生まれておりまして、模型が役に立ち続けたためしがありません。マクスウェル*が電磁力学を発見しましたのも、初めは無数の渦柱や遊び車を想像しまして、これらのからくりに頼ってしたことです。しかし空間を埋めつくしていた遊び車やなにかを取り払ってしまっても、困ることはありません。ディラック**は相対論的量子力学の正しい方程式をたんなる推測によって見つけました。推測を重ねて方程式を捜すのは、新しい法則を見つけるのにかなり有効な方法のようであります。これは、自然を表現するのに数学を用いるやり方が深いところに根ざしていることの証拠でしょう。哲学原理によったり、からくりを想像してわかったような気になるという仕方で自然を表現するのは、能率のよい方法ではありません。

＊ James Clerk Maxwell，一八三一—七九、イギリスの物理学者。ケンブリッジにおける最初の実験物理の先生。カルツェフ『マクスウェルの生涯』早川光雄・金田一真澄訳、東京図書、一九七六年。

＊＊ Paul Dirac，一九〇二—八四、イギリスの物理学者。一九三三年、シュレーディンガーとともにノーベル賞を受けた。

私、いつも気になってしかたがないのは、私どもが現在知っております法則が、空間の小さい領域についてさえ、そこに何が起こるかを計算するのに計算機でいって無限回の論理演算を必要とする形になっていることであります。空間の領域がどんなに小さくても、またどんなに短い時間のことにしても無限回必要なのです。ちっぽけな領域なのに、どうしてそんなことがありうるのでしょう？　空間・時間の一小部分が何をしでかすかの計算に無限の論理がいるのはなぜなのでしょう？　どうも解せない話ですので、私はしばしばこんなことを考えたものです。いつの日か物理学が数学的表現を必要としなくなるのではないか。からくりがすっかりあばかれて、法則が単純明快になるのではないか。現在の複雑さは、将棋の盤面が一見こみいって見えるようなものではないだろうか。しかし、この空想はある種の人々が「これは好き」「これは嫌い」というのと同類であります。こういうことにあまり強い偏見をもつのはよくありません。

以上をしめくくりますために、私はジーンズの言葉をかりることにいたします。彼は「偉大な建築家たる神は数学者と思われる」と申しました。数学を知らない人には、自然の美、最も深い美を本当に感じとることは困難であります。C・P・スノウは二つの文化ということを申しました。二つの文化といえば、一方には、自然を賞でるのに十分なだけの数学を一度でも理解した経験をもつ人々が属し、他方にはそういう経験のない人々が属することになるのだろうと、私は思います。

これがほかならぬ数学であって、その数学をある種の人々は苦手だという。どうもまずいことになっているものであります。本当の話かどうか存じませんが、ある王様は、ユークリッドから幾何学を習っておりましたときに、どうもこれはむずかしすぎるぞと苦情をいった。ユークリッドはこれに答えて「幾何学に王道なし」といったのだそうです。物理学にも王道はない。物理学者が数学以外の言葉に改宗できるとよいのですが、それはできません。自然について学び、自然を理解し鑑賞したいとおっしゃるならば、自然が話す言葉を聞き分ける必要があります。自然が秘密をもらす形式はきまっているのです。こちらが敬意をはらうより先に自然のほうで態度を変えろと要求するほど、私ども傲慢ではありません。

耳の聞えない人に向かって音楽の感動を説いてもむだでしょう。どんなに知恵をしぼってもだめであります。同様に、どんなに知恵をしぼって議論をたててみたところで、「あちらの文化」に属する人々に自然の理解を伝えることはできますまい。哲学者なら、自然について定性的な話をしてあなた方を教育しようとするかもしれません。私はありのままをお伝えしたいのです。うまくいってないのは承知しております。もともと不可能なことなのです。この方法には限界がある。宇宙の中心は人であるという説がまかり通っていられるのも、おそらくそのせいでしょう。

3　保存という名の大法則

物理学を学んでまいりますと、精細かつ複雑な法則が数多く見出されているのがわかります。重力の法則、電気と磁気の法則、核子の相互作用の法則などたくさんあります。ところが、これらの諸法則を貫いて一般的に成り立っている大法則がある。どんな法則もこの大法則には従っているのであります。その例としては、保存法則、ある種の対称性、そして幸か不幸か、前回にお話しましたように物理法則はすべて数学的であるという法則……。きょうはその中で保存法則についてお話いたしましょう。

物理学者は日常の言葉を一風変わった意味に使います。「保存」というのはこんな意味です。ある量をある瞬間に算出し、そのあと時間がたって自然がさまざまの変化を遂げてからもう一度この量を算出してみると、前と同じ値を得るということです。エネルギー保存の法則はその一例であります。ある規則に従って算出することのできる量であって、いつ算出をしても、何が起こってもつねに同じ答になるようなものが存在するわけです。

そんな量はさぞ役に立つだろうとだれでも思います。物理、あるいはむしろ自然は、何百万、何千万の駒をもったチェス盤みたいなものだといたしまして、いま駒の動きの法則を発見したいものとします。チェスをさす神々はあまりにすばやくて、その一手一手はとても見えない。それでも、いくらかのルールは見破れます。一手一手が見えなくても発見できるルールがある。たとえば、盤の上に赤いビショップは一つだけあったとしましょう。それは対角線にしか動けず、したがって座を占める升目の色はけっして変わらないのです。それゆえ、もし私どもがちょっと目を離している間に神々が何手もさしてしまっても、また盤面を見れば、そこに赤いビショップがおり、場所はちがっているかもしれませんが、ともかく升目の色は以前と同じはずであります。保存法則とはこういうものです。詳細に立ち入らなくても、ゲームについていくらかの知識は得られるということなのです。

いうまでもなく、チェスのこの法則は必ずしも完全には正しくありません。あんまり長く目を離していますと、その間にビショップが取られてしまうかもしれない。ポーンが成って、神がそのポーンのいる場所にクィーンよりもビショップがあったほうがよいと決めたとしますと、*ビショップが黒い升目にいることもありうるわけです。だから、私どもがいま知っている法則が本当は厳密には正しくなかったということに将来なるかもしれない。しかし、ここでは現状がどうかというお話をすることにしたいと思います。

＊（訳注）ポーンは向う側に達すると成ることができる。普通はクィーンになるが、ルーク、

ビショップ、ナイトになってもよい。

はじめに私は、物理学者が日常の言葉を職業語として特別の意味に使うと申しました。この章の標題にも「法則」に「大」という字がかぶせてあります。「保存という名の大法則」。これはしかし職業語ではありません。ただ標題をドラマティックにしたかっただけですから、たんに「保存法則」としてもよかったのです。しかし厳密には成り立つことのない保存則というのが二、三あります。近似的にしか正しくないという意味ですが、それはそれで役に立つことが多いのです。こんなのは保存の「小」法則とよべばよいでしょう。こんな類の正確には成り立たないものも役にたつという例を一つ二つお話申し上げるつもりですけれど、今からお話するのは主要な法則で、現在までにわかっております限りでは、絶対的に正確であります。

最もわかりやすいものから始めましょう。それは電気量の保存則です。世界中にある総電気量という数が考えられまして、これは何がどうなろうと変化いたしません。どこかで一部が消えたかと思いますと、それは別の所に顔を出しております。保存されるのは電気量の総合計なのです。この法則はファラデー*が実験によって発見いたしました。大きな金属の球をつくりまして、その中に入って実験したのです。球の外側には鋭敏な検流計がついており、球面に電荷が現われたかどうかわかるようになっています。少量の電気でも大きな効果を現わすのです。球の中にファラデーはありとあらゆる異様な電気装置を持ちこみました。ガラス棒を猫皮でこすって帯電させたり、大きな起電機をまわしたりしましたから、球の内部はスリラー映画の実験室みたいでした。しかし、何をしても球の表面には電荷が現われなかった。つまり電気はついに創り出されることがなかったのであります。ガラス棒は猫皮でまさつしたから正に帯電したでしょう。しかし、そのとき猫皮が負に帯電して、正負が同量。したがって合計はつねにゼロということになっていたのだと考えられます。なぜかと申しますと、もしも正味いくらかの電気が球内で創り出されたのだったら、外側につけた検流計がふれたはずだからです。こうして、電気の総量は保存されるということがわかりました。

＊ Michael Faraday，一七九一―一八六七、イギリスの物理学者。スーチン『ファラデーの生涯』小出昭一郎・田村保子訳、東京図書、一九七六年。

これはたやすく理解できることです。非常に簡単なぜんぜん数学くさくない模型で説明できる。この世界は二種類の粒子からできているとしましょう。電子と陽子を考えて――世界がこんなに単純だと思われていた時代もかつてありました――電子はある量の負電荷、陽子はある量の正電荷をもっているとします。電子と陽子は分離できますから、電子を物体につけ加えたり、物体からはぎとったりすることは可能です。しかし電子や陽子という

	電　荷	重粒子数	ストレンジネス	エネルギー	角運動量
保存される(局所的に)	yes	yes	かなりよく	yes	yes
単位量の整数倍	yes	yes	yes	no	yes
場の源になる	yes	?	?	yes	

（注）　これは，ファインマン教授が講義を進めながらだんだんに書き足して作り上げた表である．

第 14 図

ものが永久不滅で、分裂したり消え失せたりしないならば――こんな単純な話はありません。数学的でさえない――陽子の総数マイナス電子の総数は不変のはずであります。本当は、陽子の総数も電子の総数も、それぞれに不変なのですが、いまは正味の電気量のことを考えているのです。陽子の分は正で、電子の分は負であります。それぞれがひとりでに生まれたり消えたりすることがないならば、電気の総量が保存されるのは当然でしょう。お話を進めながら保存される量の表をつくっていくことにいたします(第14図)。最初は電気量です。電気量が保存されるかどうか、この問に対して yes と書きます。

さて、いまご説明した理論的解釈はきわめて単純です。たいへんよろしい。ところが電子や陽子が実は不生不滅でないということがやがて発見されました。たとえば、中性子という粒子がありまして、これは陽子と電子に崩壊いたします。実はもう一つ粒子ができるのですが、そのことは後にお話しましょう。中性子は電気的中性なのです。おかげで、陽子も電子も中性子から生まれるという意味で不生不滅ではありませんけれども、電気量の勘定は合う。初めは中性子ですから電気量ゼロ。それから正の電荷と負の電荷とが一つずつできて、合計はやはりゼロであります。

似たようなことになるのですが、正の電気をもった粒子は陽子のほかにもあるのでして、たとえば陽電子です。これは電子を鏡にうつしたみたいなもの、電子によく似ているのですが、電気の符号が反対です。もっと重要なことは、これが反粒子とよばれるもので、電子に出会うといっしょになって消滅してしまう。あとには光が出てくるばかりなのです。電子はそれ自身としても永久不滅ではない。電子と陽電子はいっしょになって光になってしまうのであります。実を申しますと、この「光」は目に見えません。これはガンマ線です。でも物理学者にとっては同じことで、波長がちがうだけの話です。それはともかく、粒子と反粒子は合体して消滅いたします。光は電気をもっておりませんが、正負の電荷が一つずつ消え失せたのですから、やはり電気量は変化しておりません。こんなわけで電気量保存の理論は前にお話したほど簡単ではありませんけれど、しかし数学的なものではない。陽電子の数と陽子の数を合わせて電子の数を引くというだけのことです。実は負の電荷をもった反陽子、正の電荷をもったパイ・プラス中間子など勘定に入れるべき粒子がいろいろあります。自然の構成要素である素粒子はどれも電荷をもっているのです(電荷ゼロの場合もあるが)。とにかく電気量の合計をすればよいので、どんな反応が起ころうと、その前後の総電気量は同じなのであります。

これは、電気量保存の一面にすぎません。ここでおもしろい問題が起こってまいります。電気の総量が保存されるというだけで十分なのかどうか。もっとほかにいうべきことはないでしょうか? 粒子が動きまわるだけだから電気量が保存されるというのでしたら、非常に特別な性質が出てまいります。箱の中の電気量が一定というとき、二つの場合が考えられます。一つは、電荷が箱の中であちこち動くという場合です。もう一つの可能性は電荷が箱のある点で消滅して、その同じ瞬間に別の点で電荷が発生する。消滅と発生は同時に起こり、電気の総量がけっして変わらないようになっているとするわけであります。こういう保存の仕方は、第一のとちがっています。第一の場合なら、ある点で電荷がなくなって別の点で現われるというためには、なにものかがその間を動いてゆかなければなりません。これは電荷の局所的保存といわれるもので、ただ電気の総量が変わらないというのよりずっと詳しい記述になっております。もしほんとうに電荷が局所的に保存されるならば、これは保存法則の前進になります。事実そうなのです。これまで私は、二つの命題を推論によって結びつける可能性を機会あるごとに示そうと努めてまいりました。今度も、

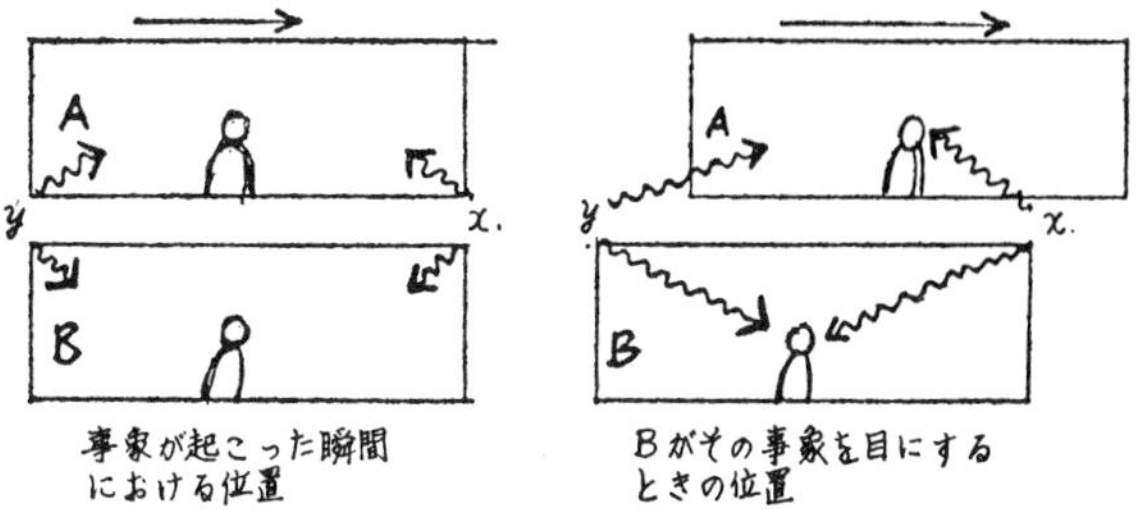

第 15 図

もし何か——いまの場合、電気量——が保存されるならば、それは局所的に保存されるということを示す議論をご紹介しましょう。これは基本的にはアインシュタインが考えたものです。この議論の基礎になる仮定はただ一つ。二人の人がそれぞれ宇宙船に乗ってすれちがうものとして、そのどちらが動いていて、どちらが静止しているかは、どんな実験によってもきめられないということです。これは相対性原理とよばれています。直線上の等速運動は相対的であって、どんな現象も二人それぞれの立場から眺めることができ、どちらが動き、どちらが静止しているかの区別はない。こういう原理であります。

宇宙船がA、Bと二つあったとしましょう。第15図をごらんください。私はAが動いてBが止まっているとみる立場をとることにいたします。これは、さきに申しました理由によって、一つの見方にすぎない。お望みならば反対の立場をおとりになってもよろしい。そうしても自然の同じ現象が見えます。さて静止しているほうの男が、彼の宇宙船の一方の端で電荷が消滅し、同じ時刻に他方の端で電荷が生まれる——こういうことがあるものかどうかの議論をしたいものとしましょう。同じ時刻ということをはっきりさせるには、彼は船の先端に坐っているわけにはいきません。光がやってくるには時間がかかりますので、手もとの現象が他端の現象より先に見えてしまう道理だからです。そこで、彼はたいへんに注意深くて、船の中央にじっと坐っているものと考えます。電光一閃、電荷が点xで生成され、同時に船の他端yでは電荷が消滅しました。同時ということにご注意ください。電荷が生成したり消滅したりしても、同時ですから保存則に矛盾しないのです。ある場所で一個の電子が消え失せ、別の場所では一個の電子が出現した。間を何かが動いていったのではありません。さて、電荷は閃光によって消滅し、閃光によって生成されるものとすれば、何が起こったかみんなによくわかることになります。B氏は船の中央に坐っていることを承知しており、また、点xで電荷を生成した閃光が彼の所に達したとき、点yで電荷を消滅させた閃光も同時に彼の所に到達したことを知っているので、電荷の生成と消滅は同時に起こったのだと主張いたします。「そうだ、一方が消滅したそのときに他方は創り出されたのだ。」しかし、もう一方の船に乗っている男にとってはどうでしょう？　彼はこう言うのであります。「いや、それはちがう。ぼくはxでの生成をyでの消滅より前に見たのだからね。」これは

A氏がxのほうに動いておりyからは遠ざかってゆくために、xからの光が彼の所にくるのには、yからの光よりも短い距離を走れば足りるからであります。彼は言うでしょう。「xでまず生成が起こり、しばらくしてからyでの消滅が起こったのだ。xで生成が起こってからyで消滅が起こるまで、短時間とはいえ私はある量の電荷を得たことになる。電荷は保存されなかったわけだ。これは法則には反するのだがね。」でもB氏はこう言います。「ははあ、しかし君は運動しているのだ。そのために法則が成り立たないのだろう。」するとA氏。「なんですって？　どうしてそんなことが言えるのです？　ぼくは、君こそ運動しているのだと思いますね。」こんな具合です。電荷の保存は、もしそれが局所的でないならば、ある特別な人に対して成り立つだけです。絶対静止の人に対してだけ正しいにすぎないのであります。しかし、アインシュタインの相対性原理によると、そんなことはありえない。電荷の保存が局所的であるとすれば、これはもちろん相対性理論と相容れるものになります。同じことは他のどんな保存則についてもいえるものです。保存されるものがあれば、相対性原理によって、それは必ず局所的に保存されるのでなければなりません。

電荷については、もう一つおもしろいことがあります。非常に不思議なことで、今日でもこれはという説明がありません。保存則とはなんの関係もない独立なことですが、電荷というものがつねにある単位量の整数倍になっているということであります。電荷をもった粒子がありますと、それは必ず一単位もしくは二単位、あるいはまたマイナス一単位、マイナス二単位だけの電気量を荷なっているのです。これは電荷の保存とは関係のないことですけれども、前に作りかけた表に、保存される量がいつも単位量の整数倍であるかどうかの欄を作ることにしましょう。こうした単位量があるのはありがたいことで、おかげで電荷の保存の説明がたいへん容易になります。電荷というのは、一個二個と数えられる何かで、その何かがあちこちと動きまわるというだけのことになるからであります。最後に物体のもつ総電荷が電気的な手段で容易に測定できることを申しておきましょう。それは電荷というものが、電場や磁場をつくりだす源になるという著しい特徴をもっているためです。電荷というものは、それを荷なう物体と電気、あるいは電場との相互作用の強さをきめるのです。そこでいまの表にもう一つ行を追加しまして、電荷が場の源になることを記入しておきましょう。これはつまり電気現象が電荷に関係しているということです。こうして、私たちのこの保存量は、保存ということには直接に関係してはいないけれども、とにかく興味深い二つの側面をもっていることがわかりました。第一に、単位量の整数倍のかたまりになっていること。第二に、場の源になっていることであります。

保存則はまだたくさんあります。一つ二つと何かを数えておくだけという意味で電荷の保存則と同じタイプに属する保存則の例を、あといくつかあげておきましょう。重粒子数の保存といわれる保存則があります。中性子は陽子に生まれかわることができる。このとき、それぞれを一単位に数え、あるいは重粒子として数えておきますと、重粒子の数は変わらないことになります。中性子は一単位の重粒子価*をもつ、すなわち一個の重粒子である。陽子も一個の重粒子である――こういうわけですが、つまり数をかぞえているだけのこと、言葉が大げさなのです！――こうきめておきますと、さきほど申しました反応、つまり中性子が崩壊して陽子、電子それから反ニュートリノが生まれるという反応の前後で重粒子数が変わりません。しかし、自然にはもっといろいろの反応がある。陽子(p)と陽子を衝突させますと、さまざまの珍優が生まれ出ます。たとえば、

$$p+p \longrightarrow \Lambda+p+K^+ \quad (\text{容易に起こせる})$$

ここで生まれたのはラムダ粒子(Λ)、陽子、それにKプラス中間子。ラムダとかKプラスとかいうのは粒子の名前で、これらは一風変わったところがあります。それはともかく、この反応では重粒子を二つ入れてやったのに、一つしか出てまいりません。ラムダかK^+かが重粒子価を荷なっている可能性はあります。ラムダを研究してみますと、それは非常にゆっくりとではありますが、陽子とパイ中間子に崩壊することがわかりました。そのパ

イ中間子は、やがて電子やなにかに崩壊いたします。

$$\Lambda \longrightarrow p+\pi \quad (\text{ゆっくり})$$

これは重粒子が陽子の姿をして出てくる反応でありますから、私たちはこれを見て、もともとラムダが重粒子数1に価したのだなと考える。K^+のほうはちがいます。K^+は重粒子数0です。

＊ (訳注) baryonic charge 重粒子数と訳すのが普通である。

さて保存則の表(第14図)にはすでに電荷がのっています。ここで重粒子数も仲間入りさせましょう。重粒子数というのは、陽子の数、中性子の数、ラムダの数を合計して、それから反陽子、反中性子などの数を引いたものです。重粒子の保存はつまり個数が変わらないという式の法則であります。単位の何倍という数で、それが保存されるのです。これは電荷の場合によく似ています。そうすると、類似をたどって、重粒子が何か場の源になるのではないかと考えたくなります。本当にそうであるかどうか。まだだれも知りません。もともとこの表を作ったのは、素粒子の相互作用を推測したかったからです。類似をたどるのは、自然の振舞いを推測する一つのてっとりばやい方法であります。電荷が場の源となり、一方、重粒子がいろんな面で電荷に似た振舞いを示すとしたら、こちらも場の源になるべきでしょう。その気配が見えないのはがっかりです。可能性はありますけれども、まだ確信がもてるほどの知見がないのです。

個数が変わらないという式の保存則は、軽粒子数の保存など、まだ一つ二つありますが、考え方は似たようなものであります。自然には奇妙な粒子とよばれる一群の粒子が存在しまして、それらを含む反応には特徴的な二つの型があります。起こりやすくて、速く進むものと、起こりにくくて、ごくゆっくりとしか進まないものとあるのです。起こりやすいとか起こりにくいとか申しましても、実験をする際の技術上のことをいっているのではありません。粒子がそろっているとして、それらの反応速度の問題なのです。さきほどの二つの例、すなわち陽子と陽子の衝突反応、それに比べてはるかにゆっくり起こるラムダの崩壊――これらは反応速度の点ではっきりとちがっております。いま、起こりやすくて速い反応だけに注目しますと、ここに総数をかぞえる式の保存則がもう一つ見つかります。今度はラムダが−1、Kプラスは+1、陽子は0にそれぞれ数えるのです。これらの数はストレンジネス*あるいは超核子数とよばれておりまして、その総和は速い反応ではどれについても保存されるが、おそい反応では保存されないことが知られています。そこで私たちの表(第14図)にも、近似的に正しい保存則としてストレンジネスの保存、またの名を超核子数の保存というものを加えなければなりません。この保存則は風変りなものですから、ストレンジネスの保存則とよばれるのもむべなるかなと思われます。ストレンジネスの保存はまあだいたい正しいのです。それにストレンジネスもまた単位の整数倍になっております。陽子・中性子を結びつけて原子核をつくらせる力は核力とよばれます。核力のもとになるのは「強い相互作用」です。ストレンジネスがこの強い相互作用において保存される事実から、これが強い相互作用の源だと考えたらどうかという提案がなされています。本当にそうなのかどうかこれもまだわかっておりません。こうした例をお話するのは、新法則を推測するのに保存則がどんなふうに用いられているかを示したいためであります。

＊ (訳注) strangeness 奇妙さという訳語もある。無縁度といったこともある。

個数が変わらないという式の保存則に類似のものは、いろんな時代に提案されてきたものです。かつて化学者は、何が起こってもナトリウム原子の総数は不変であると考えました。しかし、ナトリウム原子は永久不滅ではありません。元素の転換は可能でありまして、ある元素を完全になくしてしまうこともできるからです。またかなり長い間にわたって信じられていた法則ですが、物体の質量が変わらないというのがあります。これは質量の定義によることで、エネルギーとの関係が問題になってくるのです。私はこのつぎにエネルギー保存の法則をお話いたしますが、質量保存の法則はその中に含まれてしまうのであります。数ある保存則のなかでも、エネルギー保存は最も抽象的で、それだけに一般性もあり役に立つものです。これはまた最も難解です。これまでにお話した電荷やなにかの保存則は、対象の個数が保存されるという類のもので、保存のからくりは目に見えて簡単でした。陽子が中性子になるような生れ変りも問題なので対象の個数といいきってしまうこともできませんが、ともかく数をかぞえていれば話がすむのでありました。

エネルギー保存則にくると、ちょっと話がやっかいになります。今度も、時間がたっても変わらない量というのがあるわけですが、それが何かの個数を表わすという具合にはなっていない。このことをもう少しご説明しましょう。ちょっとへんてこなたとえを使います。

ある母親が子供を部屋におきっぱなしにしたのですが、そのとき絶対に壊れないプラスチックの積木を二八個あずけたものとします。子供は一日中その積木で遊んでおりました。お母さんが帰ってきて積木を数えてみましたら、確かに二八個ありました。こんなことが何日か続き、つねに積木の保存は成り立っていたのです。ところがある日のこと、お母さんが帰ってきて積木を数えたら二七個しかなかった。いや、残りの一個は窓の外にありました。子供が放り出したのです。保存則について第一に留意しなければならないのは、問題にしているものが壁の外に出ていかないようにするということです。反対の場合もあります。少年が積木をもって子供の部屋に遊びにくるといった場合です。保存則について語るときにはこの類のことをちゃんと考慮に入れておかなければなりません。こんなこともあるでしょう。お母さんが帰ってきて積木の数をチェックしたら、二五個しかありませんでした。あとの三個は子供が箱の中にかくしたようです。お母さんがいいます。「さあ、箱をあけますよ。」「だめだよ」と子供。「あけちゃいや。」母親はなかなか賢いもので、「箱が空なら重さは五〇〇グラムよ。積木は一つ一〇〇グラム。さあ、箱をかしてごらん。重さをはかってみるわ。」積木の総数はつぎのようになるわけです。

$$\text{見えている積木の数}+\frac{\text{箱の重さ}-500\text{グラム}}{100\text{グラム}}$$

答は、二八になりました。当分はこれでよかったのですが、ある日のこと、この計算では答が合いません。しかし、母親は水がめの汚水の水面が上がっているのに気づきました。彼女は知っています。プラスチックの積木が入っていなければ水深は二〇センチ。そして積木が一つ沈むごとに水面が五ミリ上がる。そこで彼女は計算をします。

$$\text{見えている積木の数}+\frac{\text{箱の重さ}-500\text{グラム}}{100\text{グラム}}+\frac{\text{水深}-20\text{センチ}}{\frac{1}{2}\text{センチ}}$$

これで二八になりました。子供が賢くなれば母親もまた賢くなって、計算式の項の数がどんどんふえていくのでした。式の各項は積木の数を表わすわけですが、数学としてみれば抽象的な計算であります。なにしろ積木は見えないのですから。

　さて、類似を引き出さなければなりません。このたとえとエネルギーの保存則とどこが似ているか、どこがちがうかお話しましょう。まず、積木がいつも一つも見えなかったといたします。そうすると「見えている積木の数」という項はいらない。母親は「箱の中の積木の数」「水に沈んだ積木の数」等々こんな類の項をいくつも計算することになります。エネルギーの話をしたとき、ちがうのはこういうことです。今わかっているかぎりでは、エネルギーのかたまりというものはない。また、積木の場合とちがって、エネルギーの量を計算してもまず整数にはなりません。まあ、哀れなお母さん。ある項を計算したら$6\frac{1}{8}$個、別の項から$\frac{7}{8}$個、その他の項から21個、これでも合計は28個です。エネルギーだったら、本当にこんな具合になるわけであります。

　エネルギーについてわかっておりますのは、一連の計算規則があるということです。エネルギーの種類がちがえば計算規則もちがいます。そのいろんな種類のエネルギーをそれぞれ計算して合計をしてみますと、つねに一定になるのであります。しかし定まった単位はありません。エネルギーは一個二個と数えるわけにはいかないのです。いつ計算してみても一定なある数が存在する——という言い方は抽象的で純粋に数学的であります。しかし、これ以上の説明が私にはできません。

エネルギーは実にさまざまの形をとります。箱の中の積木、水に沈んだ積木などという例をもち出したのはそのためなのです。運動しているためのエネルギーは運動エネルギー、重力の相互作用にもとづくもの（重力のポテンシャル・エネルギーとよぶ）、熱エネルギー、電気エネルギー、光のエネルギー、ばねの弾性エネルギー等々。それに化学エネルギー、核エネルギー。また、粒子が存在するというだけの理由でもつエネルギーもありまして、その量は質量に正比例いたします。これを発見したのがアインシュタインであることは、みなさんもご存知でしょう。$E=mc^2$という有名な方程式は、このエネルギーに対するものであります。

いろんなエネルギーを並べましたけれど、私どもそんなに無知でもありませんで、それらの間の関係がかなりわかっております。たとえば、私どもが熱エネルギーとよびますのは、そのかなりの部分が物体の内部でうごめく原子の運動エネルギーであります。弾性エネルギーと化学エネルギーは、もとをただせば同じもので、原子がお互いに引き合う力によるものです。原子の配置がえが起こりますとある種のエネルギーが変わります。そうすると別のエネルギーも変わらざるをえない。何か物を燃やしますと化学エネルギーが変化します。このとき熱が発生しますが、それはエネルギーの総合計が一定でなければならないからです。弾性エネルギーと化学エネルギーはどちらも原子の相互作用にもとづくと申しましたが、この相互作用というのは、電気エネルギーと運動エネルギーの競合できまるのです。この計算には量子力学を使わなければなりません。光というものは電気・磁気的な波動ですから、そのエネルギーは電気エネルギーであります。核エネルギーは、ほかのものに言い換えられない。さしあたり、私は、それが核力にもとづくとしかいえません。ここで核エネルギーと申しましたのは、原子核から解放されるエネルギーだけをさすのではありません。ウラニウム原子核の中にはある量のエネルギーが蓄えられているのでして、分裂の際、原子核に残るエネルギーが変わるために、そして世界の全エネルギーは変化できないために、熱やなにかが大量に発生して帳尻を合わせるわけなのです。

エネルギー保存則は技術の上でもたくさんの応用があります。いちばん簡単な例を選んで、エネルギー保存の法則とエネルギーを算出する公式とからどのようにして他の諸法則が理解されるかを説明しましょう。つまり、諸法則は独立してあるのではなくて、エネルギー保存の法則をそれといわずに別の言葉で表現する方法でしかないというわけでありま す。最も簡単なのは「てこの理」です。第16図をごらんなさい。長い棒が支点にのっています。一方の腕の長さは五〇センチ、他方の腕は二メートルです。まず重力のエネルギーの法則を申し上げねばなりません。いくつものの「おもり」があったとして、それぞれの重

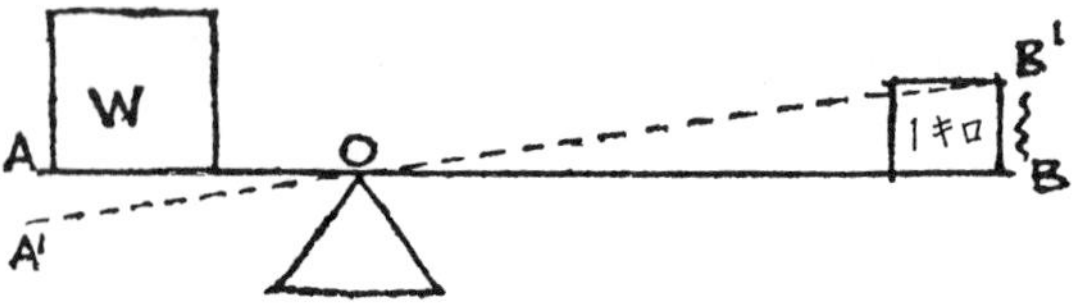

第 16 図

さに地面からの高さを掛け、その答をすべてのおもりについて総和したもの、これが全重力エネルギーになるのであります。いま、長いほうの腕に一キログラムのおもりをのせ、他方には重さ未知のおもりをのせたとしましょう。未知数はXで表わすのが普通です。しかし、私たちがいまや普通の人よりは進んだところにきていると見せかけるため、Wという字を使おうじゃありませんか！　さて問題はこうです。棒がちょうど釣り合って、難なく、そして静かにシーソーするためには、Wはいくらでなければならないか？　静かにシーソーするというのは、すなわち棒が地面に平行でも、棒が傾いて一キロのおもりが地面からたとえば五センチの高さにきているときでも、エネルギーが同じだということです。エネルギーが同じならば、どちらの状態を好むということもないはずで、したがって棒がどんどん傾いてゆくということはありません。いま、一キログラムのおもりが五センチ上がったとしたら、Wのほうはどれだけ下がるでしょう？　第16図からおわかりのようにAOが五〇センチ、OBが二メートルとして、BB′が五センチのときにはAA′は四分の五センチになります。ここで重力エネルギーの法則を使うのです。棒が水平だったとき、どちらのおもりの高さもゼロ、*したがって全エネルギーもゼロだったのです。棒が傾いて一キロのおもりが五センチ上がったとき、重力エネルギーを算出するのには一キログラムに高さ五センチを掛けて、未知の重さWに高さ$-\frac{5}{4}$センチを掛けたものに加えればよろしい。この和が以前のエネルギー、つまりゼロに等しくならなければなりません。したがって、

$$1\text{キロ} - \frac{W}{4} = 0,\quad \text{故に}W\text{は}4\text{キロ}$$

「てこの理」はやさしい法則ですからとっくの昔にご存知でしょうが、この法則は右のようにしても理解できることがわかったわけです。この法則ばかりでなく物理の何百という法則がいろんな形のエネルギーと密接に結びついております。これはたいへんおもしろいことです。ここではエネルギー保存の法則がどんなに有用かを示すために一例をお話したまでであります。

＊（訳注）ここでは高さを地面からはからずに、支点の高さを基準にしてはかっている。

本当をいえば、まずいことが一つだけありまして、それは支点に摩擦があるために右のとおりにはいかないということです。動くものは、摩擦のせいでやがては止まるのが定め

であります。高さ一定の床の上を転がる玉がいい例です。では、玉の運動エネルギーはどうなってしまったのでしょうか？　玉の運動のエネルギーは、床やボールの中にある原子の振動のエネルギーになってしまったのです。私どもが巨視的に大きなスケールで見る世界は、よく磨いた玉のようにすべすべしていますけれど、極微のスケールで見ますと、それはざらざらででこぼこの構造をもっているものです。何十億、何百億の原子がさまざまの形をして並んでいます。よくよく見れば大きな砂岩といったところ。粒々が寄り集まってできているのであります。床の面だって同じこと。拡大して見ればでこぼこの砂利道です。巨大な砂岩の玉を砂利道に転がしたら、どうです。ちっちゃな原子どもがバシッ、ガタガタ、バシッ、ガタガタ、——何が起こるか想像がつこうというものです。玉が通りすぎた後も、力づくでゆり動かされた原子どもはまだふるえています。床には振動運動が残されたわけで、これがすなわち熱エネルギーであります。一見エネルギーの保存則はうそになったかのようでしたが、実は、エネルギーは人目を忍んでかくれたがる傾向をもっておりまして、そいつを見つけ出すのには温度計やなにかの道具がいるということだったのです。エネルギーは保存されるのです。現象がどんなに複雑でも、詳細な法則は私どもも知らないとしても、エネルギーの保存されることだけは確かであります。

エネルギー保存則を最初に証明したのは、物理学者ではありませんでした。お医者さんでした。彼はネズミで実験したのです。食物を燃やして、何カロリーの熱が出るかを測ることができます。同量の食物をネズミに与えますと、それは体内で酸素と結合して二酸化炭素に変わります。燃焼とおなじことであります。さて、二つの場合に発生する熱量を比べてみますと、生物も無生物と同じことをするものだということがわかります。エネルギー保存の法則は、生きものに対しても、そうでない現象に対しても同様に成り立つのです。ついでに申しますが、「死んだ」ものについて知られております法則や原理は、生命という偉大な現象にあてはめても、テストの可能な場合にはつねに正しいことがわかります。物理法則に関するかぎり、生物の体内の現象が非生物界の現象と異質であるという証拠は、今日までのところ一つもありません。生物の現象は非常にこみいっているというだけのようであります。

食物のエネルギー量、すなわち、どれだけの熱や力学的仕事などを生み出しうるかの尺度はカロリーです。カロリーという言葉はしばしばお聞きになると思いますが、私ども別にカロリーという名の食物をたべるわけではない。カロリーは、食物が生み出す熱の量をはかる単位であります。物理学者という連中はなんでもできるような顔をして偉ぶっておりますので、一つぎゃふんといわせてやりたくなります。いいことを教えてあげましょう。エネルギーひとつを測るのに、いろんな仕方、さまざまの名前を使う——彼らは恥ずかしいと思うべきです。エネルギーが、カロリーでも、ジュールでも、電子ボルト、フィート・ポンド、英国式熱量単位(BTU)でも、はたまた馬力・時、キロワット・時でも測れるというのは馬鹿げています。どれも同じものを測るのですから——。お金を円やドルやポンドでまぜて持っているようなものであります。もっともお金ですと景気によって換算率が変わりますけれど、エネルギーのやっかい者たちにはそれはない。いつでも換算率が絶対的に保証されているのが、せめてものなぐさめです。何か似ているものがないかといえば、シリングとポンドの関係くらいのものでしょう。一ポンドはいつでも二〇シリングです。しかし、物理屋どもは平気でいますけれど、換算率が二〇のような簡単な数でなくて、たとえていえば一ポンドが1.6183178…シリングといった、不合理な数になっていいます。皆さんは、現代のエリート理論物理学者たちなら一つの共通の単位を使っているだろうとお考えかもしれません。ところがです。彼らの論文を見ますと、エネルギーを測るのに絶対温度を使ったり、メガ・サイクルといってみたり、また最近ではフェルミのマイナス一乗なんていうのまで出てきました。物理学者も人間であるという証が欲しいとお思いなら、彼らがエネルギーを測るのに使うとりどりの単位、この馬鹿さ加減こそ格好のものでしょう。

エネルギーについては、好奇心をそそる問題が自然現象のなかにたくさんあります。最近、クェーサー(準星)というものが発見されました。これは猛烈な遠方にありまして、光やラジオ電波としてたいへんなエネルギーを放出しております。そのエネルギーが何によるものか、いま問題になっているのです。エネルギーの保存則が正しければ、あんなに大量のエネルギーを放出したらこの天体の状態は変化して然るべきであります。エネルギーは重力のエネルギーからくるのか、つまり星が重力のために潰れて、この意味で状態が変わっているのでしょうか？　それとも、このたいへんな放出量は核エネルギーからくるものでしょうか？　だれにもわかりません。いや、エネルギーの保存則が破れているのではないか、こうおっしゃる方もあろうかと思います。それもいいでしょう。しかし、このクェーサーみたいに研究が不完全な段階では――この天体はあんまり遠くにあるので、天文学者でもそうたやすくは見られないのです――何か基本法則に矛盾したことが起こっているようにみえても、法則のほうがまちがっていることはまれでありまして、現象の詳細がまだ見えていないだけという場合が多いものです。

エネルギー保存則の応用としておもしろい例をもう一つお話しましょう。それは中性子が陽子と電子、反ニュートリノに崩壊する反応です。はじめは、中性子が陽子と電子にかわったと考えられたのです。ところが、粒子たちのエネルギーを測定してみましたら、陽子と電子のを加えても中性子のエネルギーとするのに不足なのでした。二つの解釈がありうるでしょう。エネルギー保存の法則が正しくないのかもしれません。事実この説は一時ボーアによって唱えられました。彼は保存則は統計的にしか成り立たない、平均として正しいだけなのだろうと考えたのであります。しかし、正しいのは別の解釈であることがやがてわかりました。エネルギーの勘定が合わなかったのは、中性子が壊れてできるのは陽子と電子のほかにもまだ何かあるからだというのです。その何かを今日、私どもは反ニュートリノとよんでいます。出てくる反ニュートリノがいくらかのエネルギーをもっていってしまうというのであります。反ニュートリノなんていうけど、エネルギーを保存させるためだけに考えたのじゃないか、他に存在理由がないじゃないか、こうおっしゃる方もおありでしょう。でも、それはちがいます。反ニュートリノは他のいろんなことも筋を通してくれるのでありまして、運動量保存の法則をはじめいくつかの保存法則が救われる。そのうえ、ごく最近になって、当のニュートリノが事実たしかに存在するという直接の証拠があがったのです。

この例は問題の核心をついています。私どもの法則をまだ海のものとも山のものともわからない領域にまで押し広げてよいのはなぜでしょうか？　エネルギー保存の法則はこれまでつねに成り立っていたというそれだけの理由で、新しい現象に出会ったとき、これもまたエネルギー保存の法則に従うべきだと言い切る私どもの自信はいったいどこからくるものでしょうか？　皆さんは、物理学者ごひいきの法則が実はまちがいであったという大発見のニュースを、ときたま新聞でごらんになることがおありでしょう。そうしてみると、法則が未踏の領域でも正しいと考えるのは誤りなのでしょうか？　しかし、まだ研究の及んでいない領域でも法則は正しい——こう主張するのをやめてしまったら、あとに何が残るでしょう。法則というのは、チェックのすんだものだけに限るのだとしたら、予言などできなくなってしまいます。でも、科学が役に立つのは、先を見て推理をはたらかせる道具になるからであります。ですから、私どもはつねに首をのばして未知の世界をのぞきこむのです。エネルギーにしても、一番ありそうなことは、それが新しい舞台でも保存されるということでしょう。

このように考えてみると、科学というのは不確かなものであります。直接には見たことのない領域について何か発言をしたとたん、あなたは自信を失うのです。それでも、未知の領域について発言しないわけにはいきません。それなしには何もかもむだになってしまうのです。たとえば、物体の質量が運動に伴って変化するということがあります。質量とエネルギーは同等なので、運動のエネルギーが質量の増加として現われるのです。運動すると物体はより重くなるわけであります。ニュートンはそんなことに気づかず、物体の質量はつねに一定であると信じていました。ニュートンの考えが誤りだとわかったとき、人々は、物理学者たちが自分のまちがいを発見するとは、なんとたいへんな世の中になったことよといって大騒ぎをしたものです。昔の人々はなぜニュートンの考えが正しいと思ったのでしょう？　質量が増加するといっても実はごくわずかで、光の速さに近づいたとき初めて目につくようになるだけだからです。コマをまわしても質量の増加は何分どころか何厘にもなりません。それならば「これこれの速さまでの実験では、質量は変化しない」――昔の人はこういうべきだったのでしょうか？　いや、そうではありません。実験がたまたま木のコマ、銅のコマ、鉄のコマを用いてなされたからといって、「銅、木、鉄で作ったコマは、これこれの速さよりゆっくりまわるときに……」というべきでしょうか？　もうおわかりでしょう。私どもは実験に影響をする条件の全部を知っているわけではないのであります。たとえば、放射性物質でできたコマの質量が保存されるものかどうか知らない。ですから、何にせよ科学を役立てるためには当て推量もやむをえないのです。実験の結果をただ単に記述するだけでは仕方がないので、私たちは手がけた範囲を越えて法則を提起しなければなりません。科学はそのために不確かなものになりますけれども、それで結構です。もしも、科学とは確実なものだとお思いになったことがおありでしたら、まちがっているのはあなたのほうです。

さて、保存則のリスト(第14図)にもどりまして、これにエネルギーを書き加えます。私どもの知るかぎり、これは完全に保存されます。これは、ある単位の整数倍というわけではありません。つぎの問題。これは何か場の源になっているでしょうか？　確かになっております。アインシュタインは、重力がエネルギーによって創られると考えました。質量とエネルギーは同等なのですから、質量が重力を創るというニュートンの考えから、エネルギーが重力を創るという考え方に発展したわけであります。

数値で表わされるものの保存という意味でエネルギーの保存に類似している法則がいくつかあります。その一つは、運動量の保存則です。あらゆる質量を相手にとり、それぞれに速度を掛けて寄せ集めたもの、これが全運動量です。そして、全運動量は保存されるのであります。今日、エネルギーと運動量は親縁関係にあると考えられておりますので、私たちの表でもこれらを同じ場所におくことにしましょう。

保存量のもう一つの例は、前にもお話したことのある角運動量です。運動している物体のところまで引いた動径が毎秒掃過する面積、これが角運動量であります。第17図をごらんください。まず、場所はどこでも結構ですから点を一つかってに選んで中心Oとよぶことにします。物体mが運動すれば動径Omもずっと動いてある面積をなでていくことになりますが、この面積が増加する速さに物体の質量を掛けたもの、実はその二倍、これが角運動量の正しい定義であります。この量は時間がたっても変わりません。角運動量は

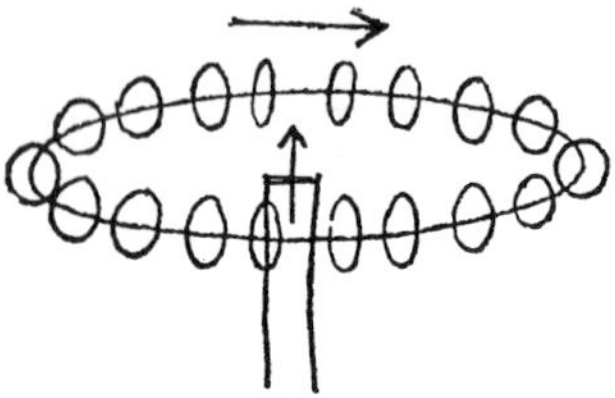
第 18 図

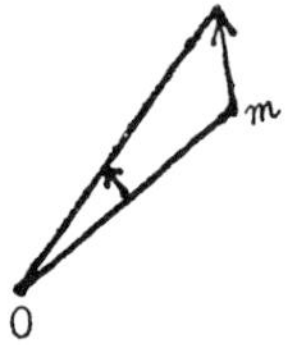

第 17 図

保存されるわけです。ところで、あなたが物理学を知りすぎておいでですと、角運動量は保存されないという例をお出しになりそうです。実は、エネルギーと同様、角運動量もさまざまの形をとるのです。角運動量は物が運動していなければ存在しないとお考えの方も多いようですが、それはちがう。角運動量は運動以外の形もとるのです。例をあげましょう。導線を輪(コイル)にしまして、磁石をそれにつっ込みますと、コイルを貫く磁力線の数が増しますから、コイルには電流が流れます。これが発電機の原理であります。さて導線のコイルの代わりに、円板を考えて、導線の中に電子があるように、円板の上にも電荷が並んでいるものとします(第18図)。円板の中心軸に沿って非常な遠方からすばやく磁石を円板に近づけます。すると、導線におけると同様に電荷は回転を始め、もし円板が回転軸につけてありますと、これは磁石が近づくまでには回りだすことでしょう。これでは角運動量が保存されているとは思えません。磁石が遠く離れていたとき円板は回転しておりませんでした。

いま磁石が近くにきたときには回転をしているのです。「ああ、そうだ。」こうおっしゃる方があるでしょうか。「きっと、まだ他に力があって、磁石を反対向きに回転させるのだ。」それはちがいます。磁石を反対向きにねじまわそうとする電気的の力はありません。ほんとうの説明は、角運動量が二通りの形で現われるということなのです。ひとつは回転の角運動量です。もうひとつは、電場、磁場の角運動量です。運動として目に見えることはありませんけれども、磁石のまわりの場が角運動量をもっているのでして、その向きが円板の角運動量とは反対なのであります。逆の場合を考えてみれば、もっとはっきりわかるでしょう。第19図をごらんなさい。電荷をもった粒子どもがいて、その側に磁石があります。私はこういいたいのです。どれもがみな静止しているときでも、場は角運動量をもっている。ただし、この角運動量は回転としては見えないのだ、と。磁石を引き下げて粒子から離しますと、粒子の電場と磁石の磁場が離れますので場の角運動量は減り、その分だけが円板の回転として目に見えるようになるのであります。円板の回転を起こすのは電磁誘導の法則というものです。

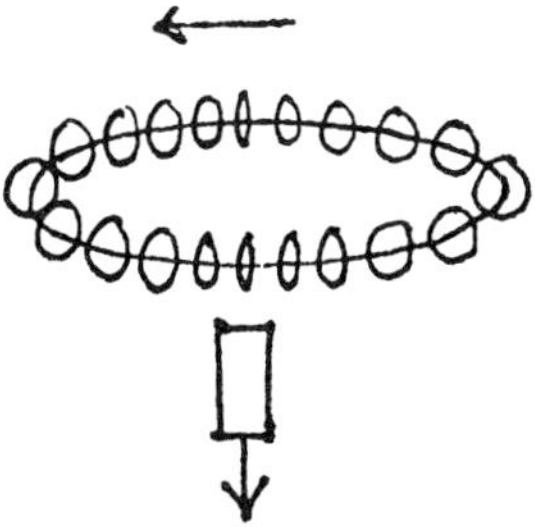

第 19 図

角運動量がいつも単位量の整数倍になっているかどう

か、これに答えるのは私にはむずかしい仕事です。ちょっと考えると、角運動量が単位量の整数倍になることなど絶対にありえないと思われるでしょう。少し首を曲げると角運動量の大きさは変わって見えるものです。実際、角運動量というのは動径の掃過する面積の変化する速度のことでしたが、はすかいから見るか、真上から見るかで面積がちがって見えるのは明らかであります。角運動量がいつも単位量の整数倍だとして、いまある物体を見たら八単位の角運動量をもっていたとしましょう。ところが、ほんの少しだけ傾いた角度からその物体を見直しますと、角運動量も少しだけちがって見えるはずであります。まあ、たとえば八単位よりちょっとだけ小さく見える。しかしそれは、七単位といえますか？　いえません。七は八よりちょっとだけ小さいのではなくて、はっきり一だけ小さいのです。こんなわけですから、角運動量がいつも単位量の整数倍であるなんてありそうに思えません。しかし、です。量子力学というものが現われて、巧妙にして奇妙な論理でこの証明から身をかわしてしまいました。驚きいった話ですが、どんな軸のまわりの角運動量を測ってもつねにまちがいなく単位量の整数倍になるというのです。そうは申しましても、電荷の場合のように一つ、二つと数えられるような角運動量のかたまりが存在するわけではありません。角運動量が単位量の整数倍にかぎるというのは、数学的な意味あいのものでありまして、どんな測定をしてもつねにある単位の整数倍の値しか得られないということなのです。電荷のように、ここに一個、あそこに一個という具合にはいかない。角運動量は、こんなふうにバラバラにあるのではなくて、まさに整数そのものであります。おもしろい性質です。

保存則ならまだほかにもあります。でも、残っていますのは、いままでのほどおもしろくありませんし、数値が保存されるというのともちょっとちがう。異質のものです。特別の装置があって、対称的に運動する粒子群をつくり出したといたします。第20図では二つの粒子が下から入射してきたのですが、これらの粒子の運動は、中心線に関して左右対称になっています。粒子の位置も対称なら速度も対称であります。このあと、粒子どもは物理法則に従って動いてゆき、衝突したりもいたしますが、いつまでたっても、運動が左右対称であることだけは変わらないのではないか――みなさんは、こうお思いになるでしょう。そのとおりなのです。これはたしかに一種の保存則であります。対称性の保存則です。

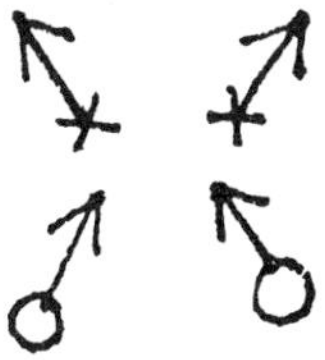

第 20 図

これも私たちの表に加えるべきですけれども、対称性は測定をして出す数値の類ではありませんから、一応別にして、つぎの講義でもっと詳しく議論することにいたしましょう。実のところ、この保存則は、古典物理学ではたいして興味がないのです。それは、初期条件がそんなにうまく対称的になることはまずないからでありまして、この保存則は重要でもなく、実用にもなりません。しかし、量子力学の世界にまいりまして、原子のような単純なものを相手とする場合ですと、その内部構造はしばしば何かの対称性をもっております。左右対称とか、いろいろの対称性があるのです。そして、この対称性が保存されるのであります。対称性の保存は、したがって、量子力学的の現象を理解する上に重要なものとなるわけです。

さて、保存則というものは、ただあるがままに受け取っておくほかないのか、それとも何かより深い土台が見つかるものであるか――これは興味深い問題であります。これもつぎの講義のときに議論したいと思っているわけですが、今ひとつだけ申し上げておきたいことがあります。だれにでもわかるお話ということで保存則の説明がなされます場合には、つい、さまざまの概念が脈絡もなしに陳列されているという印象を受けがちです。しかし、いろいろの法則を深く理解してゆくにつれて、それまで無関係だとばかり思っていた概念のあいだには実はつながりがあるということがわかってくるものであります。ある法則から別の法則が導かれてしまう場合だって珍しくないのです。一つの例は、前にお話しました相対性原理と保存則の局所性との関係にみられます。自分がどんなに速く運動しているかはきめられないと仮定したら、保存ということは、ある場所で突然に消えた物がその瞬間に別の場所に現われているという非局所型であってはならない――もし私が証明なしに

第 21 図

この関係を述べたのだったら、皆さんは奇蹟を見せつけられた思いがしたことでしょう。

ここでは、角運動量の保存則と運動量の保存則、それになお二、三の事柄を含めて、これらがどのように結びついているかをお話ししたいと思います。角運動量の保存則は、粒子が運動するとき動径が掃過する面積に関わるものです。第21図をごらんください。たくさんの粒子があるとして、その群からはるか遠方に点xをとります。角運動量は、どの点のまわりの角運動量でも保存されるべきですから、点xのまわりとしても当然に保存されます。いまxは遠方にありますので、どの粒子をとってもxからの距離はまあ同じとみてよろしい。のみならず、この距離は時間がたっても変わりません。したがって、角運動量の保存則、つまり動径の掃過する面積を問題にする上では、第21図で申しまして、運動の上下方向の成分だけ考えればよいことになります。そうすると、各粒子の質量に上下方向の速度成分を掛けて寄せ集めたものが保存される——こういう結論が出てまいります。私どもは角運動量が保存されると仮定したので、角運動量の定義に従って点xから各

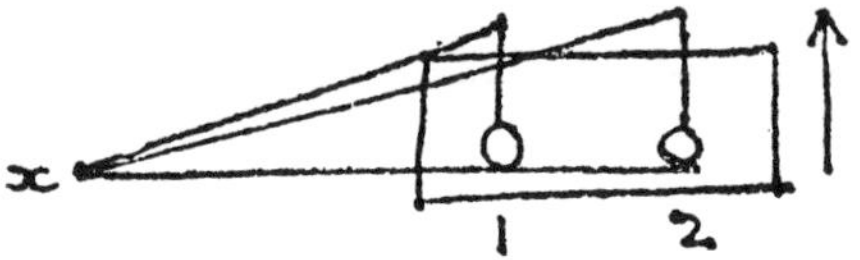

第 22 図

粒子までの動径も掛算して、それから寄せ集めをやるべきですけれど、この距離はいま一定でありますから、掛けても掛けなくても同じことなのです。このようにして、角運動量の保存則から運動量の保存則が導かれました。また別のことも出てくるのです。何かといえば、重心についての保存則であります。これは運動量の保存則にあまりにも密接に結びついておりますので、私は第14図の表にのせる手間を省いてしまったものです。

第22図をごらんいただきましょう。質量というものは、いまあるかたまりで箱に入っているといたしまして、ある一点から他の点までひとりでに動いていくことはできない。これは質量の保存とは別のことです。質量は場所こそ変わりましたが、依然として存在するからです。電荷ならひとりでに動いてもよい。しかし、質量はひとりでには動かない。なぜだか説明しましょう。物理法則は運動によって形を変えることがありません。ですから、箱がいまゆっくりと上方に動いていくと考えても差支えない。あまり離れていない点xをとって、そのまわりの角運動量を考えてみましょう。箱はゆっくり上向きに運動していますので、もし質量が箱の中で点1にじっとしていたら、動径はある速さで面積

を掃過します。質量が点2に移ったとしましょう。すると新しい動径が面積を掃過する速さが以前より大きくなります。箱の動く速さは同じなのに、xから質量までの距離が増加したからです。ところが、角運動量の保存則によって、面積の変化率は一定でなければならない。つまり、力を加えて角運動量を変えてやるのでなかったら、質量は移動しないのです。質量がひとりでかってに席を移すことはできないのであります。このために宇宙空間のロケットは前に進めない――それでも、ロケットは進む。質量をもった粒子がたくさんあるとして同様のことを考えてみればわかりますが、一つが前に進むと、他のは後にさがらなければならない。前に進むのと後にさがるのとあって、すべての粒子の運動量全体としてはゼロ。だからこそロケットは進むのです。初めは空虚な宇宙空間に静止していたとして、ガスをお尻から噴き出します。するとロケットは前進する。要するに、宇宙全体について、その質量中心、すなわち全質量の平均位置はつねに同じ場所にあるのです。何か私どもが目をつけていたものが動いたとしますと、同時に他のなにものかが反動を受けて後退しているはずであります。私たちが目をつけているものだけで保存が成り立つなんて法則はどこにもないのでして、保存されるのは、全体の総合計なのです。

物理法則を発見するのは、ジグソー・パズルの絵をもとどおりに組み立てるようなものです。あれこれの切れはしは手に入っていますし、その数は今日、急速に増加しつつあるのです。でも、それらはまだばらばらで、なかなかうまく組み合わさってくれません。そもそも、一枚の絵の切れ切れなのでしょうか？　まだ不完全だとしても、いずれは集まってひとつにまとまるはずなのでしょうか？　そうだと言いきれる自信があるわけでもない。いくらかは、やはり心配なのです。それでも、共通の性格をもった切れはしが何枚かあって、私どもを勇気づけてくれます。どの切れはしにも青い空が描いてあります。どの切れはしも、同じ種類の木片です。どの物理法則も、みんな同じ保存法則に従っているのであります。

4　物理法則のもつ対称性

対称性は人の心を何よりも強くひきつけるように思われます。惑星や太陽は完全な対称性をもつ球体です。雪の結晶はきれいな対称性をもっています。どんな花もほとんど対称的であります。自然には対称的なものがいろいろとあって、私たちの目を楽しませてくれます。しかし、私がこれから議論しようと思いますのは、自然における物体の対称性ではありません。物理法則それ自身の対称性です。物体が対称だというのはわかりやすいのですが、法則が対称性をもつなんていうことがありうるでしょうか？　もちろん、ありえない。物理学者たちは、日常の言葉をついつい別の意味に使いたがります。今の場合も、物理法則から受ける感じが、物体の対称性の感じにたいへんよく似ているものですから、法則の対称性という名を使いたくなったわけなのです。この法則の対称性について、これからお話したいと思います。

そもそも対称性とはなんでしょうか？　ちょっとこちらを見てください。この私は対称——左右対称です。少なくとも外観はそのようです。花瓶も左右対称なのがあります。もっとちがう対称性をもっているものもある。でも、どういう定義を下したらよいのでしょうか？　私が左右対称であるというのはこんな意味です。右側のものを全部左側に移し、左側のは右側に移す――すなわち左右の入れ替えをしても、私の形が変わらないというのであります。正方形というのはまた特別の対称性をもっておりまして、九〇度回転させても全く同じに見えます。ワイル教授*は数学者ですが、対称性を見事に定義してくださいました。こういうのです。ある対象に何かのはたらきかけをすることができて、それをした後でも対象が以前と同じに見えるならば、その対象は対称である。私どもが物理法則の対称性というのも全く同じ意味であります。すなわち、物理法則、あるいは、それに与えた私どもの表現にある操作をほどこすことができ、その結果が実は何もしなかったのと同じで、何ひとつとして変化がないということです。きょうの講義では、物理法則のこのような側面を問題にいたします。

＊ Hermann Weyl, 一八八五―一九五五、ドイツ人の数学者。ちょうど手ごろなワイルの著書が邦訳されている。『シンメトリー――美と生命の文法』遠山啓訳、紀伊國屋書店、一九五七年。

こういった対称性の最も簡単な例はと申しますと、皆さん、あるいは左右の対称性だろうとお思いかもしれませんが、そうではありませんで、空間の平行移動とよばれる対称性であります。それはこういうものです。何かある装置を作ったり、何かを用いて実験を行なったりしたといたしまして、つぎに場所だけを移して、全く同じ装置を組み立てて同じ実験を行なう。装置も実験も同じですが、場所だけがここからあそこに移っている。すなわち、平行移動をしただけであります。そうしますと、平行移動をした実験でも、もとの実験で見られたすべてのことがそのままに再現される。経過も同じなら結果も同じである――これが平行移動の対称性です。今ここでそれを試みたら、うまくいきません。装置をここで組み立てまして、左のほうに六メートルも平行移動させたら、壁にめりこんでしまいます。それでは困る。平行移動というときには、実験に影響しそうなものは全部考えに入れておかなければいけません。全部を動かしてやる必要があるわけです。たとえば振子で実験をするとして、実験装置を右のほうに四万キロも移動させたら、もう振子はうまく動かなくなってしまいます。振子は地球の引力のおかげで振動をするのだからです。しかし、想像上の話ですが、地球も実験装置といっしょに平行移動させれば、振子はちゃんと動くでしょう。要するに、実験に影響を与えそうなものは一つも残さずに平行移動しなくてはいけないのです。ずるい言い方だなとお思いでしょうか？　なんだって？　実験装置を平行移動させてごらん。引っ越しする前と同じ結果が出るはずだよ。うまくいかない？　それは引っ越しが不十分なのだ。何か忘れ物があるのだよ。こんな議論なら勝つにきまっているとお思いでしょうか？　それはちがいます。勝つのが自明の理だと思ったらまちがいです。強調しなければなりませんが、実験を変わりなく進行させるのに十分なだけの物体が平行移動できるということ、自然とはそれを可能にするようなものであるということが重要なのです。これこれが可能であるというのは、一つの積極的な主張であります。

本当に自然はそうなっているのだということを、例をあげて説明しましょう。重力の法則を考えてみます。この法則によりますと、二つの物体の間にはたらく力は、物体間の距離の二乗に反比例して変わるのです。もうひとつ思い出していただきましょう。物体に力を加えますと、時間とともに速度が変わります。速度の変化は力を加えた方向に起こるのでした。いま、二つの物体があったとします。太陽とそのまわりをまわる惑星を考えてくださっても結構です。この二つをずうっと平行移動させても、物体間の距離はもちろん変わらない。したがって、力も変わりません。また、平行移動を施したあとの運動は、以前の運動そっくりそのまま進行するでしょう。なぜなら、力が以前と同じなので刻々の速度変化もまた以前と同じに起こるはずだからであります。ニュートンの法則では、力が「二つの物体の間の距離」できまるとなっているからこそ、この法則は平行移動の対称性をもつのです。もしも、力が宇宙の中心からの距離によって変わるというのであったら平行移動はできません。

これが第一の対称性です。つまり空間における平行移動に関する対称性。つぎの対称性は時間における平行移動とでもいうべきものです。いや、私たちは時間のずらしに関する対称性ということにしましょう。太陽の近くで、ある時刻に惑星を押しやって公転を開始させます。もしその出発時刻が二時間なり二年間なりずれていたら、惑星の運動は変わったものになるでしょうか？　もちろん、出発のときの速さやその向きは前と同じにしての話です。運動が変わったものになるはずはありません。なぜなら、ニュートンの法則には速度変化こそ出てまいりますが、実験開始の絶対時刻などは含まれていないからです。実はこの例はちょっと特別で、私どもも完全な自信はありません。それと申しますのも、いつか重力のお話のときに出てきたことですが、重力の大きさが時のたつにつれて変化しているという可能性があるからです。これが本当なら、時間に関する平行移動はだめになります。もし、一〇億年後の重力が今の重力より弱くなるのでしたら、そのときに惑星を発進させる実験を行なったとして、今と同じ運動にはならないでしょう。でも、今日の知識の範囲では(私は今日知られている形の法則だけを議論してきたのです。明日わかる法則をいま議論できたら、こいつはすばらしい！)、私どもが今知っている限りでは、時間をずらしても大丈夫のようです。

でも、ある意味でこれは正しくない。いわゆる物理法則についてはいいのです。しかし、この世界の現実としては、昔々のある時に起こった大爆発が宇宙の始まりであって、それ以来すべての天体は飛散しつづけ、お互いから遠ざかっているように見えるのです(ぜんぜんまちがいかもしれませんが)。これは地理的条件のちがいみたいなものではないか——こうおっしゃる方もあろうかと思います。空間で平行移動をする際にも一切合切いっしょに移動しなければなりませんでした。同様に、宇宙の膨張もいっしょにして時間をずらせば、法則が変わらないのではないか。つまり、宇宙の始まりをちょっと遅らせたとして考え直さなければいけないのだろう。ごもっともです。しかし、宇宙をスタートさせるのは私たちではありません。私たちはこの条件を変えることはできませんし、どんな実験をしたらよいのかもわからない。科学の問題としては、どうにもならないわけであります。宇宙の様子は変化しつつあり、星雲はお互いに離れてゆきつつある。これが現実なのです。あなたがSF小説の主人公で、ある未知の時刻にはっと目覚めたとしても、星雲の間の距離さえ測れば、宇宙開闢以来の時間がわかるわけであります。時間をずらせば、世界はもはや同じにには見えないということです。

今日の習慣では、ある条件の下で物を発進させたらどう動いていくかを教えるところの物理法則と、この宇宙が実際どんなふうに始まったかを分けて考えるのが普通です。これは、宇宙開闢の歴史があまりよくわかっていないからだと思います。宇宙の歴史、あるいは天体の歴史は、物理法則とは異質の概念だという人も多いようですけれども、それではどうちがうか、はっきり定義せよ、といわれますと、私は困ってしまいます。物理法則の最大の特徴はその普遍性にあります。ところが、何が普遍的かといって、すべての星雲が互いに遠ざかる事実にまさるものがありましょうか？　それでちがいが定義できなくなってしまうのです。しかし、宇宙に初めがあったことを無視し、いま知られている物理法則に話を限りますならば、時間はずらしても、ずらしたことがどのような方法によってもわかりません。

対称性の法則のもっとちがう例を考えましょう。その一つは、空間における回転です。中心をきめた回転であります。いまある場所に組み立てた装置で実験をするとしまして、もう一つ別の、正確に同じ装置だけれど向きがちがっている(二つの装置が重なってしまわないように、平行移動もしておきましょう)という装置を作れば、実験は全く同様に進行いたします。もちろん、関係のありそうなものは全部いっしょに回転させたとしての話であります。柱時計を横倒しにしたら、振子は時計の背板に落ちかかって止まってしまいます。でも、地球をいっしょにまわしてやれば(いつでも起こっていることです)時計は動き続けるのです。

回転をしてやっても話が変わらないということの数学的記述は、ちょっとおもしろいものであります。ある状況の下で何が起こっているかの記述には、まず数の組を用いて場所を表わします。この組は「点の座標」とよばれる三つの数で、その点が、何かある平面から測ってどれだけの高さにあるか、どのくらい前にせり出しているか(後だったら負の数とします)、どれだけ左寄りであるかをそれぞれ表わすのです。回転を記述するのには、三つの座標のうち二つで足りますから、いま上下のことは気にかけないものとします。私から見て、前方への距離をx、左方への距離をyとしましょう。距離が前方へいくら、左方へいくらといえば、どんな物体の位置でも表わすことができます。ニューヨーク市からいらした方なら、道路番号で場所がうまい具合に表わせることをご存知だと思います。いや、うまく表わせたというべきでしょうか。六番街の名が変えられ始めたのですから！

さて、回転を数学的に表わすにはこうするのです。いまご説明したようにして、私がx座標、y座標で点の位置を定めたとします。まただれか別のほうを向いた人が、同じ点の座標を彼自身の前後左右に従って定め、x'、y'を得たものとしましょう。そうすると、私のx座標は、彼の定めたx'、y'座標が混じったものになります。おわかりでしょうか？ 回転というのはxにx'、y'が混じりこみ、yにy'、x'が混じりこむことなのです。自然の法則は特別の形をしていて、こうした混合物を作って方程式に代入しましても、方程式の形が変わらない——自然法則の方程式はそのようにできていなければならないのであります。

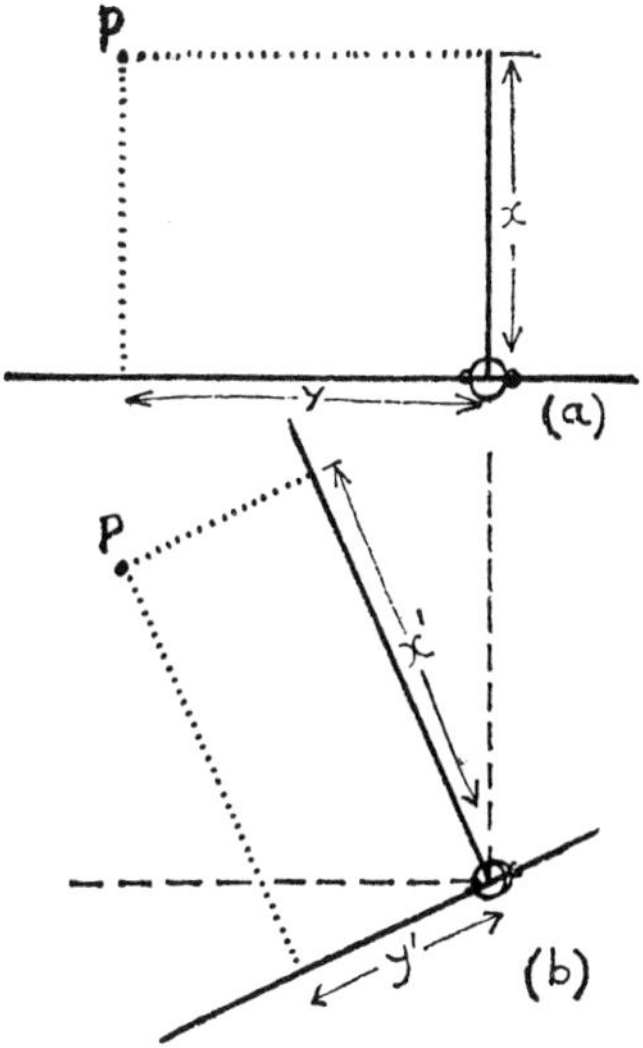

(a) 点Pの私に相対的な位置は2つの数 x, y で表わされる。x は点Pが私の前方どれだけの距離にあるかを示し，y は私からどれだけ左方に離れているかを示す。

(b) 私が場所を変えず向きだけを変えると，同じ点Pの位置は新しい数 x', y' で表わされることになる。

第 23 図

これが対称性の数学的表現というわけです。方程式をいくつかの文字で書き下します。その文字を x、y から新しい x、つまり x' と、新しい y、つまり y' に書き替えるある規則がありまして、その書き替えをしても、方程式は書き替え前と同じ形になる。前とちがうのは x や y に全部ダッシュがついたことだけである——これが対称性であります。これが意味するところは、私が私の装置で見る現象と、もう一人の男が彼のちょっと向きのちがう装置でもって見る現象とが同じだということです。

さて、もうひとつ非常におもしろい対称性の法則をお話しましょう。問題になりますのは、直線上の等速運動です。物理法則は、真直ぐに等速で走りながら見ても変わらないと信じられています。これが相対性原理です。宇宙船があって、何か実験装置が積み込んである。また同じ装置が地上にもあるとします。宇宙船が一定の速度で航行しておりますと、その中の人が彼の装置をにらんでいて見るものは、地上に静止している私が自分の装置で見る現象とちっともちがわないのであります。もちろん、彼が外を見たり、宇宙船の壁に頭をぶつけたりしたら話は変わってまいります。しかし、とにかく彼が一定の速さで真直ぐに航行しているかぎり、物理法則は彼にも私にも全く同じに見えるのであります。それゆえ、本当はどちらが動いているのだと問われても、私には答えられません。

たいせつな注意が一つあります。先に進む前に、これをはっきり申し上げておかなければなりません。右のように変換とか対称性とかいう場合に、宇宙全体を動かすことを考えているのではないということです。時間のずれをいう場合でも、宇宙の始まりも含めて全宇宙のあらゆる時間をずらすとしたら、結局なにも言わないのと同じになってしまいます。宇宙の万物をすべていっせいに平行移動しても、現象は変わらないといってみたところで、なんの内容もありません。言挙げする価値があるのは、こういうことなのです。一つの実験装置を移動させたとし、同時にいろいろの条件に気を配って、かつ関連のあるものは本当にすべていっしょに引っ越しさせるようにする。これで世界の一部分を切り取ったことになり、それを遠くの星から何から残りの部分のいっさいに対して移動させたわけですが、こうしても物理は変わらない――これがいま注目すべき事実であります。相対性原理についていえば、星雲とか何か宇宙の他の部分いっさいの平均位置に対して一定の速さで真直ぐに航行している人には、自分の動いていることがわからない。言い換えますと、宇宙船の内部にこもって実験するばかりで外を見なければ、自分が動いているかどうかわからないということです。

このことを最初に述べたのはニュートンです。彼の重力の法則をまた考えてみましょう。力は距離の二乗に逆比例し、力は速度の変化を生み出すというあの法則です。いま、太陽は静止しているとして、そのまわりをまわる惑星の運行が計算してあるとしましょう。つぎには、太陽が一定の速度で移動しているものとして、惑星の運動を計算してみたい。第一の場合に求めた惑星の刻々の速度が、第二の場合に通用するはずはありません。惑星は止まっている太陽のまわりをまわっているのですから、太陽だけが移動をして惑星の運動はもとのままだったら、太陽は惑星の楕円軌道からいずれとび出してしまいます。惑星の軌道もいっしょに同じ速度で移動をさせればよさそうです。つまり、第一の場合の惑星の刻々の速度にそれぞれ一定の速度を加えてやるのです。思い出してください。ニュートンの運動法則に入ってくるのは速度の変化率なのです。変化率は、刻々の速度に一定の速度だけゲタをはかせても変わりません。ですから、移動中の太陽をめぐる惑星、これにはたらく力は、以前の静止した太陽を回る惑星にはたらく力と同じでなければなりません。逆に、力が同じなら速度の変化も同じで、初めにゲタをはかせた分の速度はいつまでたってもそのままであります。力による変化分はその上にどんどん積み重なっていくことになります。事実、万有引力は太陽が移動していようといまいと変わりません。力は惑星と太陽の間の距離によってきまるのです。惑星と太陽が同じペースで移動していきますと、刻々の距離は移動のない場合と同じ、したがって力にも変わりがないことになるのであります。こんなわけで、太陽が移動しているときには、それといっしょに惑星の軌道もずれていくように惑星の速度にゲタをはかせてやればよい、計算などしなくても、これで太陽が動いている場合の惑星の運動が求まってしまったことになります。つまり、こういうことです。一定の速度だけゲタをはかせても法則はぜんぜん変わらない。したがって、太陽系を研究し、惑星が太陽のまわりを回る仕方をいくら調べても、太陽が宇宙空間を移動中であるかどうかはわからない。ニュートンの法則に従えば、太陽が等速度運動をしても、太陽をめぐる惑星の運動には影響しないのです。だからニュートンも書いています。「空間におる諸物体の運動は、その空間が惑星系から見て静止していようと、等速で直線運動をしていようと、それ自身としては同じことである。」

さて時は移り、ニュートンの時代も過ぎるころ、またいろいろの法則が発見されてまいりました。大発見といえば、マクスウェルの電気の法則です。この法則からはおもしろいことがたくさん導かれるのでしたが、そのひとつは、電磁波という波が存在して、この波は一秒間に三億メートル走るはずだということであります。一例をあげれば、光です。なにがどうなっていようと、光は一秒間に三億メートル走る——これがマクスウェルの法則からの結論なのです。これが本当なら、何が絶対静止であるか、たやすく言い当てられることになりましょう。光が一秒間に三億メートル走るというこの法則は、移動をしながら見たらまちがいになってしまう性質のものと思われるからであります。いま、あなたが宇宙船に乗って二億五、〇〇〇万メートル毎秒の速さで何かある方向に進み、私は静止しているとしましょう。私が速さ三億メートル毎秒の光を発射して、それが宇宙船を貫いて走ったとしたら、あなたは二億五、〇〇〇万メートル毎秒で進み、光は三億メートル毎秒ですから、あなたには光がたった五、〇〇〇万メートル毎秒の速さで通り過ぎていくように見えるはずです。ところが、この実験を実際にやってみますと、あなたには光が三億メートル毎秒の速さで通り過ぎるように見え、そしてその光は、私が見ても三億メートル毎秒で進んでいるように見える！

自然が私たちにつきつける事実は、そうたやすく理解できるものではありません。いまのこの実験事実は常識に反すること明々白々なので、今日でもその結果を信じない人がいるほどです。しかし、なんどもなんども実験をしても、見る人の速さにかかわりなく光はつねに三億メートル毎秒の速さに見えるという結果になるのでありました。どうしてそんなことがありうるのでしょう。実験事実が動かなければ私たちのほうで考えを変えねばなりません。アインシュタインと、それからポアンカレ*もですが、動いている人が測っても静止している人が測っても速度が同じに出るとしたら、二人の時間感覚、空間感覚がちがうと考えるよりほかない――こういう結論に達しました。宇宙船に積んである時計と地上の時計とでは時の刻みかたがちがうというのであります。「宇宙船の時計のチクタクが遅いのなら、船内にいるぼくが気づくはずですよ。」あなたはこうおっしゃりたいでしょう。でもそれはちがいます。あなたの頭の回転も同じくらい遅くなっているのですから！　そんなこんなで、宇宙船内では万事が普通に進行していながら、一方、一宇宙船秒当りに光が三億宇宙船メートル進み、かつ私から見ても、光は私の時計の一秒間に私の物差しで三億メートル進むという、うまい話をこね上げることが可能になりました。こんなことをやり遂げてしまうとは驚いた天才ですが、ともかく、それは可能であったのです。

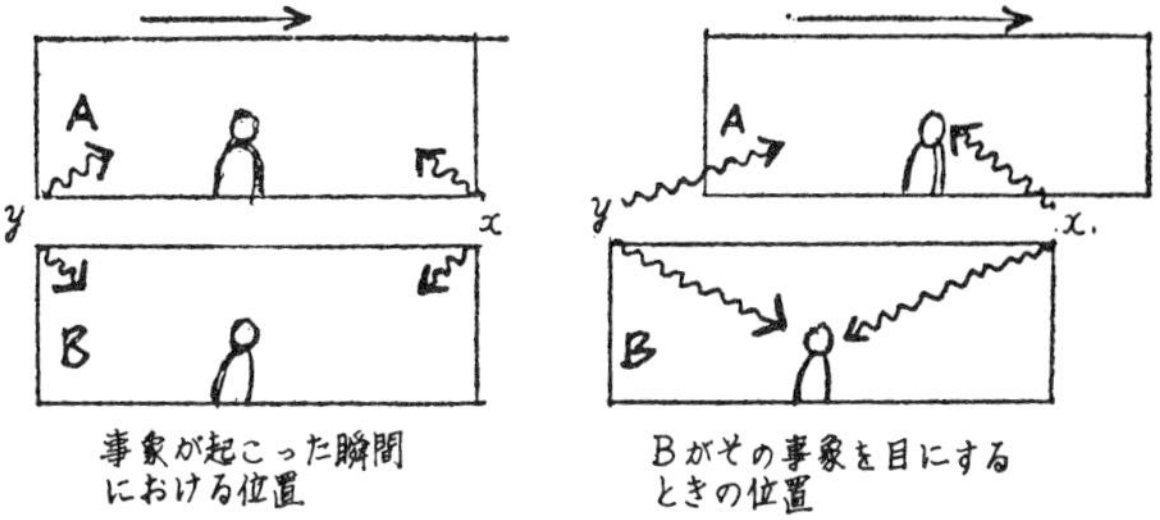

第 24 図

＊ Jules Henri Poincaré, 一八五四—一九一二, フランスの数学者、数理物理学者。

相対性原理から導かれる一つの結論は前にもお話いたしました。それは、等速直線運動をしているときには自分の速さがわからないということです。前の講義で、二台の車A、Bがあってうんぬんというお話をしましたが、覚えていらっしゃいますか。第24図を見ていただきましょう。車Bの両端でそれぞれ何か事件が起こったものとします。一人の男が車の中央に立っていた。事件xとyとが彼の乗っている車の両端で起こった。彼はその二つが同時だったと主張するのです。彼は車の中央に立っていて、そして、二つの事件のときそれぞれ発せられた光が同時に彼の目に入ったからであります。一方、Bに対してある一定の速さで動いている車Aに乗った男は、同じ二つの事件を見たのですが、それは同時にではありませんでした。彼はまずxを見て、その後にyを見たのです。それもそのはず、Aはxのほうに向かって走っているので、xから出た光はyから出た光よりも先に彼のところに届くわけであります。このように考えてまいりますと、等速直線運動に関する対称性――対称性という言葉はAの観察とBの観察とどちらが正しいという区別ができないことを意味するのですが――を原理とする立場からは、「いま」世界で起こっていることという言い表わしは実は無内容である。何も言わないのと同じだということがわかります。あなたが等速直線運動をしているなら、あなたが同時と見る事件は、私が同時と見る事件と同じではありません。私が見て事件が起こったと考えるその瞬間にあなたと私がすれちがったのだとしても、であります。離れ離れに起こった二つの事件が同時であったか否か、二人の意見はくいちがわざるをえない。ということは、等速直線運動なら動いていないも同じことという原理を護持しようと思えば、空間や時間について私たちの考えを根底から変えねばならないということです。要するに、ある人に同時と見える二つの事件も、もし同じ場所で起こったのでなければ、つまり離れ離れに起こったのだったら、別の人には同時と見えない――このことを承認しなければならないのであります。

もうお気づきかと思いますが、これは空間座標x、yについて前にお話したことと非常によく似ております。私が、あなたがたのほうに向いて立ちますと、このステージの両端は私の左右に見える。x座標が同じなのです。y座標はもちろんちがいます。さて、私が九〇度回って横向きになりますと、さきほど左右に見えた壁がこんどは前後にきます。新しい座標ではx'がちがうことになるわけです。これと同様に、ある見方をすれば同時刻(同じt)に見えたものが、別の見方によると異なる時刻(異なるt')に見える。どうです？よく似ているでしょう。そこで、以前にお話した二次元の回転を空間と時間に拡張することが行なわれたわけであります。空間に時間を仲間入りさせましたから、四次元です。通俗書の解説ですと「空間に時間を加えるのは、〝どこで〟というのと同時に〝いつ〟をいう必要があるためである」なんて書いてありまして、時間を空間といっしょにするのがあらずもがなのことに感じられます。たしかに〝いつ〟を言いそえる必要はありますけれども、それだけでは四次元空間などというほどのことはないのです。時間を空間とならべたのにすぎない。真の空間は、ある意味でどんな眺め方をしようと空間は空間だという特性を備えたものであります。見方を変えれば、〝前後〟と〝左右〟とが入りまじるかもしれませんが、見方にはかかわりなく空間がそこに存在するのです。同じような具合に時間についても〝未来—過去〟が空間に入りまじるのでありまして、時間と空間はがっちり組み合わさって一つの四次元空間として存在しているわけなのです。このことが発見されたとき、ミンコフスキーは言いました。「空間自身、時間自身は影法師だ。時空の結合体だけを生かしてやろう。」

このお話をこんなに長々としたのは、これこそが物理法則の対称性を研究する門を開くものだからであります。方程式にある操作を加えてもこれが不変にとどまる――そういう操作としてどんなものが可能であろうか。この種の解析を示唆したものはポアンカレでした。物理法則の対称性に注目するのがポアンカレのとった姿勢であったのです。空間の平行移動に関する対称性、時間のずらし等々、これらはそんなに深いものではありません。しかし、等速直線運動に関する対称性はたいへんご利益の多いもので、さまざまの帰結をもたらします。そのうえ、これらの帰結は未知の法則にまで拡張解釈のできる形をしております。たとえば、この原理がミュー粒子の崩壊にもあてはまるだろうという推定のもとに、ミュー粒子を用いても宇宙船の等速直線運動は検知できないと言い切ることが可能です。ミュー粒子がなぜ崩壊するのかわからなくても、これだけの結論は下せるというのがおもしろいところであります。

対称性は、ほかにもたくさんあります。なかには変り種もあるのです。二つ三つ例をお話しましょう。一つは、原子を同種類の別の原子で置き換えても、どんな現象にも差が現われぬという対称性。「同種類とはどういう意味かね。」あなたはこう反問なさるでしょう。私といたしましては、「置き換えをしたとき差が出ないものという意味です」というお答しかできません！　物理屋連中はいつもナンセンスなことばかりいっているみたいです。

そう思いませんか？　原子にはいろんな種類があって、ある原子を種類のちがう原子で置き換えれば差異が現われ、同じ種類ので置き換えれば差異が出ない。これは循環論法のようにみえるでしょう。しかし、聞いてください。本当にいいたいのは、同じ種類の原子が存在するということなのです。存在することが確実なら、置き換えをしても差異の出ない仲間を集めることが可能です。差異がでるかでないかに従って原子を分類していくことができます。ちょっとした物質の小片でも、その中の原子数は一のあとにゼロが二三もつくくらい多いのですから、同じ類の仲間がある、みんながみんな異なるのではないという事実はたいへんに重要です。原子を分類すれば何百種かに収まってしまうというのはありがたいことであります。原子を別ので置き換えられるとはたいしたことです。その内容が最も豊富になるのは量子力学においてでありますが、ここではそれを上手に説明するのは私にはむずかしい。このお話を数学に慣れていらっしゃらない方のためにしていることもありますが、それよりも、とにかくこいつはよくできすぎているのです。量子力学にまいりますと、一つの原子を同種類の別の原子で置き換えてもよろしいという命題はめざましい結果を導くことになります。液体ヘリウムが管の中を摩擦なしで流れる、いつまでも流れ続けるという奇妙な振舞いがその一例であります。また元素に周期律が現われるのもこのためなら、私が床にめりこまないでいられるのも、この対称性からくる力のおかげなのです。詳しいお話はできません。この原理を勉強することがたいへん重要だということだけを申し上げておきたいと思います。

これまでのお話から、あなた方は物理学のどんな法則もありとあらゆる変換に関して対称なのだと思いこんでしまったのではないでしょうか。そこで対称性を欠く変換の例をあげておくことにしましょう。その第一は尺度の伸縮であります。何かある装置をつくったといたしまして、それと細部にいたるまで同じ構造、そして同じ材料で、ただ大きさだけを二倍にしてもう一台の装置をつくっても、それが前のと全く同様にはたらくとはいえません。このことは、原子になじんでいらっしゃる方なら先刻ご承知でしょう。百億分の一に縮尺した装置をつくったとしたら、それは原子を五個しか含まない。五個の原子で何か道具をつくるなんて、できない相談であります。これほど極端に走れば尺度の変換の不可能なことは明白ですが、物質の原子的のなりたちが認識される以前から、この種の対称性は許されないことがわかっておりました。ときどき新聞でご覧になるかと思いますが、マッチ棒で教会堂を作る人があります。何階にもなっていて、本当のゴチックの教会よりもずっとゴチックで、そして精細なものを作るのです。ではなぜ、このような教会堂の大判を作ろうとする人が出ないのでしょう？　太い丸太を使い、飾り角を同じくらいつけて、同じくらい精細に組み上げるということをなぜしないのでしょう？　そんなことをしたら、塔があまりに高くあまりに重くなってつぶれてしまうのであります。でも、ちょっと待ってください。二つの物を比べるにはそれらの系がふくむすべてを比べよという原則を忘れては困る。マッチ棒の小教会は地球に引かれて立っています。それなら、教会を大型にするには地球のほうも大きくしなくてはならないのでした。これではいよいよまずい。地球を大きくすれば引力が強くなって、これではなおのこと建物はつぶれてしまいます。

物理法則が尺度を変えたとき不変でないということを最初に発見したのはガリレオです。柱や骨の強度を議論したとき、彼はこう主張したのです。大型の動物――例として、高さも幅も身体の長さもすべて二倍にした動物を考えましょう。そうすると重さは八倍になりますから、その動物の骨も八倍の力に耐える必要があります。ところが骨の支えうる重さはその断面積によって定まるのです。骨の大きさも二倍としたのでは断面積は四倍、したがって四倍の重みにしか耐えられないことになります。彼の『新科学対話』という本をご覧になりますと、巨大な犬の骨の想像画が出ています。* それは全く不釣合に太いものです。私、思うのですが、自然法則が尺度の変換に関して不変でないことを発見したとき、ガリレオは、これが彼の運動の法則と同じくらい重要だと考えた。その証拠に、これらはともに『二つの新しい科学』という巻に収められております。

＊　(訳注)ガリレオ・ガリレイ『新科学対話(上)』今野武雄・日田節次訳、岩波文庫、一九三

七年、一八三ページを見よ。

対称性がないというほうの話をもうひとつしておきましょう。いま、宇宙船が一定の角速度で自転しているとします。この自転が、船内にいるあなたにわからないかというと、さにあらず、ちゃんとわかるのです。まず、目がまわるでしょうな。そういわぬまでも、物体が遠心力のために(と申しますか、とにかくお好みどおりの説明をどうぞ。初年級の物理の先生がいらしたら私は叱られそうです)壁に押しつけられるでしょう。地球の自転だって振子とかジャイロスコープを使えば証明できるのです。天文台や博物館にフーコー*の振子というものがあるのはご存知でしょうか。これを使うと星を仰がなくても地球の自転がわかるのです。外界を眺めないでも地球上の私たちが一定の角速度で回っていることがわかる。これは物理法則がそのような運動に関して不変でないからであります。

* Jean Bernard Léon Foucault, 一八一九—六八、フランスの物理学者。

地球の自転というのは、銀河系を基準としての話である。もし銀河系もいっしょに回転させたら、回転の効果はあらわれないだろう——このように考えた人がたくさんあります。いや、宇宙全体を回したらどうなるか。それは私にはわかりません。いまのところ、なんともいえないのです。それどころか、今日、銀河系が地上の物体に及ぼす影響を記述できる理論があるでしょうか。その理論は、回転の慣性、回転がもたらす諸効果、たとえばバケツに水を入れて自転させると水面の真中がへこむということが、銀河系との相対運動のためだとして簡明に、無理やごまかしをしないで説明できるのでなければなりません。実のところ、こうした効果が銀河系のせいかどうかわかっていないのです。銀河系のせいだとする考えをマッハの原理と申しますが、この原理はまだ実証を経ていないのであります。星雲に相対的に回転運動をしたら何かの効果があらわれるか、これはただちに実験してみられることでして、答は肯定です。星雲に相対的に等速直線運動をしたら、何かの効果があらわれるでしょうか？　答は否定であります。これらは二つの別のことなのです。どんな運動も相対的だという主張は誤りです。それが相対性理論の内容なのではありません。相対性原理が主張するのは、星雲に相対的な等速直線運動が外界を眺めることなしには検出不可能だということであります。

さて、つぎにお話するのはちょっと変わった対称性で、これにはおもしろい歴史があります。それは空間反転です。何か一つの装置、たとえば時計を作ったとして、それを鏡にうつした像にあたるものを別に作ります。これらは、左右一対の手袋みたいで、向き合せに置けます。ネジの巻き方も反対なら、なにからなにまであべこべです。二つの時計のネジを巻いて、向き合せに置いたら、以後これらはつねに同じ時を示すでしょうか？　一方の時計の動きは、細部にいたるまで他方の鏡像であり続けるでしょうか？　あなたの勘ではいかがですか。おそらくイエスとおっしゃるでしょうね。ほとんどの人がそうお答えになりました。もちろん、いま地理の話をしているのではありません。地理では左右の区別は可能であります。フロリダに立ってニューヨークのほうを向けば、海は右側にまいります。これで左右の区別ができたわけです。時計が海の水で動くのだったら、左右あべこべの時計は止まってしまうでしょう。振子が海水にふれないでしょうからね。大陸や海もぜんぶひっくるめて、左右あべこべに変えれば話は別になります。そうです。関係あるものはすべてひっくり返さなければいけないのであります。材料置場に行ってネジを一つ取り出してみたら、渦巻はおそらく右巻きでしょう。反対の渦巻のネジは手に入れにくいので、一方の時計も完全にはあべこべにできない——こうお思いですか？　なにネジだって自分で作ればよいのです。こう考えてまいりますと、結局、左右をあべこべにしても何も変わったことは起こらないだろう——まずはこうお思いになることでしょう。重力の法則を調べてみますと、もし、時計が重力で動くものなら確かに変わったことは起こらない。重力の法則はそのようにできていることがわかります。電気と磁気の法則も、時計が電流とか電線とか電磁気的な臓物をもっていたとしても、あべこべ時計がちゃんと動くような具合にできています。時計が核エネルギーで動くのであっても、大丈夫です。しかし、差異をひき起こすものがないわけではありません。つぎにそのお話をいたします。

みなさんは、水に溶かしたお砂糖の濃さが偏光を通すことで測れるのをご存知でしょう。偏光板は偏った光だけを通すものです。これを水に入れます。それを通った光を、さらにもう一枚の偏光板をかざして見るのですが、二枚の偏光板のあいだで光が砂糖水の中を長く走れば走るほど、それだけよけいに手前の偏光板を右に回してやらなければなりません。光を反対向きに通すことにしても、偏光板を回す向きはやはり右です。右は、だから、ここで左とはちがうのであります。砂糖水と光とを時計の中に仕掛けておいてもよかったのです。水槽に水を入れて光を通し、ちょうど光が通り抜けできるところまで手前の偏光板を回してやります。同じことをあべこべ時計についても行ないましょう。偏光板もあべこべに左に回します。こちらでは、光には左回りになってほしいのです。しかし、そうはいきません。光はやはり右回りですから、偏光板を通れない。砂糖水を動員すれば、二つの時計のはたらきをちがえることができるわけであります。

これは注目すべき事実です。一見、物理法則は反転に関して対称でないように思われます。しかし、いまの実験に使ったお砂糖は砂糖大根からとったものだったのではないでしょうか。砂糖の分子はかなり単純な構造をもっております。何段もの操作がいりますけれども、とにかく炭酸ガスと水から実験室で砂糖を合成することができます。人工の砂糖で試してみますと、これは光を回さない。化学的には自然のものと全くちがわないくせに、光を回すことはしないのであります。細菌は砂糖をたべます。人工砂糖の溶液に入れた細菌は、砂糖を半分だけたべることがわかります。細菌がたべ終わったときに、残りの砂糖をふくむ液に偏光を通しますと、これは光を「左」に回すのです。なぜだか説明いたしましょう。砂糖というのはおもしろい分子で、原子がいりくんだ配置になっております。その同じ配置を左右だけあべこべにして作ったとすれば、原子間の距離は前とちっとも変わらないし、分子のエネルギーだって正確に同じになります。生命の関係しない化学現象も、同様に起こるわけであります。しかし、生きものは、この二種を見分けるのです。細菌は一方の砂糖分子をたべても他方はたべない。砂糖キビが作る砂糖分子も一種類に限られ、どれをとっても右巻き型なのです。それで光も一方向に回すわけであります。細菌がたべる砂糖分子もこの型に限られています。いま、気体のようにそれ自身が対称性をもたない物質から砂糖を合成しますと、右巻き型の分子も左巻きの分子も同じ数ずつできるのです。そこに細菌を入れると、一方の型の砂糖はたべてしまいますが、他方の型は残します。そのために光は普通とはあべこべの向きに回ることになるのであります。パストゥール*が発見したのですが、結晶を虫めがねでにらめば、二つの型を選り分けることができます。これは不思議でもなんでもない。お望みなら、細菌をまたなくても、ご自分の手で選り分けができるのです。おもしろいのは、むしろ、細菌が選り分け能力をもっていることのほうであります。生きものは何か別の法則に従っているということでしょうか？　そうではなさそうです。一般に、生きものの体内には複雑な分子がたくさんたくさんありまして、そのどれもがラセン状になっている。典型的なのは蛋白質の分子です。この分子はブドウ酒の栓抜きみたいによじれております。右巻きです。今日わかっているかぎりでは、もしも化学的には同じだけれどもよじれがあべこべという分子が作れたといたしましても、これは生物の体内でははたらかない。ほかの蛋白質分子としっくりいかないからであります。左巻きのラセンは、同じ左巻きとならしっくり合うのです。しかし、左巻きと右巻きとでは合いません。細菌は体内の物質がぜんぶ右巻きラセンになっておりますために、右巻き型、左巻き型の砂糖を識別することができるというわけです。

＊ Louis Pasteur, 一八二二―九五、フランスの細菌学者。

でも、どうしてそうなったのでしょう？　物理学も化学も左右の区別がつけられません。分子にしても、右巻き左巻きの両方の型を作るばかりであります。ところが、生物学は左右の識別ができるのです。こんな説明ならうけいれやすいでしょう。大昔、生命の起源のとき、なにかの偶然で生まれたあるひとつの分子が増殖を始め、再生産をくりかえしては自分と同じ型の分子を広めるという具合。こうして長い長い時間がたって、いま、この奇妙な数珠つなぎ、突起もあれば枝わかれもあるという分子が生じて、ゆらゆらざわざわ＊

……。とにかく、私ども人間にしたところで、最初の二、三の分子の末裔です。そして最初の分子が右巻き型であって左巻きでなかったのは、全くの偶然である——右巻きか、左巻きか、そのどちらかであるよりほかなかったのです。そして、一方がたまたま実現して自身の再生産を始めたのでしょう。材料置場のネジみたいなものです。右巻きネジに慣れてきたから、私たちは右巻きネジを作るのです。生きとし生けるもの、どれも同じ右巻きの分子をもっているという、この事実こそは、分子レベルまで歴史をさかのぼれば、生命の祖先が一つになるということの最も深い証になるものでしょう。

＊(訳注)原文は stand and yak each other ここで yak は yackety-yak のスラング。ゴシップなどのたいした意味もないおしゃべりを長々と続けるという意味の動詞。

物理法則が右左の対称性をもつかどうか、この問題をもっとよくテストするために、こんなことを考えてみましょう。火星人あるいは北極星の住人に電話をかけて地球上のものごとを知らせてやりたいのです。さて、彼は私たちの言葉をどうやって理解しようとするでしょうか？　この問題はコーネル大学のモリソン教授＊が一生懸命になって研究しました。一つの方法はこんな具合にスタートすることだといいます。ティック、一。ティック、ティック、二。ティック、ティック、ティック、三。……。まもなく彼は数の言い表わし方を覚えるでしょう。数の表わし方を彼が理解したら、つぎは原子の重さ、というよりむしろ重さの比(原子量)を順々に伝えてやることが可能になります。そこで一・〇〇八、水素とやるのです。つぎに重水素、ヘリウム等々とやれば、彼はこの数列をにらんでしばらく考えるでしょうが、やがてこれが原子の重さの比を表わすものと同じであることに気づきます。こんな具合にして、彼との間に共通の言葉をふやしていくことができそうです。そこでやっかいな問題がもちあがります。親しみが増すと、彼はこういうかもしれません。「ねえ君たち、ずいぶん親切にしてくれたね。ところで君、どんな格好をしてるんだい?」あなたは、まずこう答えます。「身長一・八メートル。」すると彼「一・八メートルだって?一メートルってのはどれだけかね?」これに答えるのは容易です。「一・八メートルは水素原子を一七〇億個積んだ高さだよ。」冗談をいっているのではありません。こういえば、物指をもっていない人にも、とにかく一・八メートルの意味が説明できるのです。もちろん長さの見本は送れないし、何か共通の物体を基準にとることもできないとしての話ですが、それでも私たちがどんな大きさかを伝えたいなら、それは可能だということです。これは物理法則が尺度の伸縮に関して不変でないおかげなのでして、このことを逆用して物指を作ることができるからであります。私たちの体の説明はもっと続けられます。身長一・八メートル、幅はいくら、形はこうで枝がはえていて、……等々。すると彼はこういうでしょう。「そいつはおもしろい、しかし、中身はどうなのだ?」私たちは心臓やなにかの説明をして「あのね、心臓は左側だよ」といいます。しかし、やっかいなのは、どっち側が左なのかどうしたら彼に教えてやれるかの問題です。「ああそうだ」あなたはひざをたたいて「砂糖大根の砂糖を水に溶かせよ。そいつは光を……、」でも、困ったことにあちらには砂糖大根がありません。またもし火星にもこちらに対応した蛋白質があるとしても、進化の偶然で、よじれが反対の分子から始まったかもしれない。そうでなかったかどうかを知るすべがありません。いろいろ考えた末、左右を教えることはできない、これは不可能なのだとあなたは結論することでしょう。

＊ Philip Morrison, アメリカ人。物理の教授。一九六四年にＢＢＣのテレビで「原子の構造」の連続講演をした。

五年ほど前のことです。ある種の実験がさまざまの謎を生み出しました。詳しいことはお話いたしませんが、謎は深まるばかりで、にっちもさっちもいかないありさまになったのです。このときリーとヤンが、＊ことによると左右の対称性——すなわち、自然が右左を区別しないということ——が正しくないのかもしれないと言いだしました。いったんこう仮定すると、さまざまの不思議が氷解するというのです。リーとヤンは対称性の破れを証明する最も直接的の実験を提案しました。実行に移された多くの実験の中から最も直接的なものを一つ選んでお話しましょう。

＊ Tsung Dao Lee(李政道)、一九二六―、Chen Ning Yang(楊振寧)、一九二二―、中国人の物理学者。一九五七年、ともにノーベル賞を受けた。

電子とニュートリノが放出されるような放射性の崩壊を考えます。その一例は、前にもお話ししましたが、中性子が陽子と電子、反ニュートリノに壊れるというものです。この種の崩壊は原子核にもたくさん例がありまして、このときには原子核の電荷が一単位ふえ、同時に電子がとび出してまいります。ここでおもしろいのは、電子のスピンを測りますと――とび出してくる電子は自転しているのです。この自転をスピンとよびます――それが左回りにきまっていることです(電子を後から見ての左まわりです)。だから、電子が南へ走るとき自転の向きが地球と同じ)。放射能でとび出してくる電子が定まった向きに自転している、左巻きであるというのは重大なことであります。ベータ崩壊で電子を撃ち出す銃は施条銃《ライフル》なのだといえばよいでしょうか。銃身の内側にラセンを切るのにも、弾を撃ち出すとき右回りに自転をかけるか、左回りに自転をかけるか二通りの仕方があります。実験によりますと、中性子が壊れたときとび出してくる電子には左回りの自転がかかっています。この事実を利用すれば、火星人を電話に呼び出して「おい、聞いてくれ。放射性の物質、そうだ、中性子をもってこいよ。そいつのベータ崩壊で出てくる電子を見るのだ。電子が上向きにとび出す場合なら、そいつの自転が、体を軸にして背中を左に回す向きだよ。これで左がどっちだかわかったろう。心臓はその側にあるのだよ。」こうして左右の識別が可能になりました。ということは、この世界は左右対称だという法則がつぶれたことにほかなりません。*

* (訳注)その後の発展についてたとえば、つぎの解説を見よ。森田正人「パリティはどこへ行く」『自然』中央公論社、一九六六年六月号。南部陽一郎『クォーク(第二版)——素粒子物理はどこまで進んだか』講談社ブルーバックス、一九九八年、第八章。

さて、つぎにお話したいと思いますのは対称性の法則と保存法則のつながりであります。この前の講義で、私は、いろいろの保存則、すなわちエネルギーとか運動量、角運動量などの保存についてもお話いたしました。そこで、たいへんおもしろいことですが、保存則と対称性のあいだには深い関係がある。この関係は、今日理解されておりますところでは、量子力学によってはじめて正しくとらえられるものであります。しかし、それはそれとして、この関係の一つの証明をお目にかけましょう。

物理法則が最小原理によって表現できるものといたします。そうしますと、その法則がすべての実験装置をある方向にずらしてもよろしいという平行移動の対称性をもっていれば、運動量が保存される——このことが証明できるのであります。対称性と保存則のあいだには深い関係があると申しましたが、それは最小原理を仮定しての話なのです。第二回めの講義でしたか、粒子がきまった時間内にある場所から別の場所に動いていくとき、可能な道筋をいろいろ試してみるという形に物理法則が表わされることをお話しました。どうも誤解をまねきそうな名前ですが、作用積分とよばれる量があります。いろんな道筋についてその作用積分という量を計算して比べますと、実際に粒子がたどる道筋についての作用積分が最小である。他のどんな道筋についての作用積分より小さいということがわかります。つまり自然法則がこう言い表わせるのです。ある数式で定義された作用積分という量が、可能なあらゆる道筋のなかで、実際の道筋において最小の値をとる。最小ということは、道筋をほんの少しだけ変更しても値が変わらないことだといってもよい。起伏のある野原を歩いているとします。ただしゆるやかな起伏です。ここの数学はそういう場合にだけあてはまるのです。さて、あなたが最も低い位置にきたとして、私がいいたいのは、もうちょっとだけ前に出てもあなたの高さは変わらないということです。最低の場所あるいは最高の場所で一歩を踏み出しても、第一近似では、高さが変わりません。坂道の途中だったらそうはいかない。下る向きに一歩を踏み出すことができる。その反対の向きに一歩いくならそれは上りになります。このことが重要なのでして、なぜ最低の場所で一歩を踏み出しても高さが変わらないのかを考える鍵になるのであります。最低だというのだか

第25図

ら、一歩を踏み出して高さが減ることはない。反対にもし高さが増したら、もしもそんなことがあったら、それは逆向きに一歩とやれば高さが減ることを意味します。これは最低ということに反する。だから高さが増すこともありえない。結局、高さは変わらないということであります。同様の理由から道筋をほんのちょっとずらしても第一近似において作用積分は変わらないのです。第25図をご覧ください。A点からB点まで一つの道筋をひきました。そこで、もう一つ可能な道筋をつぎのようにしてつくりましょう。まず近くの点Cに寄り、そこから前と同様に進んで終点をDとします。BDの距離は、もちろんACと同じです。さて、いま申しましたとおり、自然の法則は、道筋ACDBにそって行くときの作用積分が、第一近似において、もとの道ABを行くときと同じになるというたちのものであります。もちろん、ABが実際の道筋だと仮定しての話でして、これがすなわち最小原理であります。ところで、話はちがいますが、もし世界がすべての物をいっしょにずらしても変わらないなら、もとの道筋ABの作用積分と新しい道筋CDの作用積分は同じはずです。道筋がずれているだけだからであります。平行移動の対称性があれば道筋ABの作用積分は道筋CDの作用積分に等しい。ところがABが実際の運動なら、寄り道をしたACDBについての作用積分も同じはずなので、これはCDの作用積分に等しい。寄り道したほうの作用積分は三つの部分からなっています。AからCに行くまでの作用積分、CからDに行くまでのもの、そしてDからBに行くものです。等しいもの同士を引き算すれば、ACの作用積分とDBの作用積分の和がゼロになることがわかるでしょう。ところが、ACの運動とDBの運動は反対向きです。いまAからCへの向きを基準にしましょう。DBのほうはBからDに行くまでの作用積分にマイナスをつけたものとします。運動の向きが反対だからです。こうすれば、何かAからCという向きのついた量があり、BDにも同じ量があって引き算すればゼロになる――こんな事情にあることがわかります。右向きにちょっと進むときの作用積分の変化が、運動の初め(AからCへ)と終り(BからDへ)とで等しいのです。ということは、時間がたっても変わらない量が存在することであります。最小原理がなりたち、空間の平行移動の対称性が正しいとしたらこういう結論が出てきたわけです。時間がたっても変わらないその量、つまり小さい変位に対する作用量の変化高は、まさしく前回にお話した運動量にあたります。このようにして、自然法則が最小原理に従うとしますと、対称性と保存則を関係づけることができるのです。自然法則が最小原理に従うということは量子力学から導かれるのでありまして、私が前に対称性と保存則は量子力学によって関係づけられると言ったのは、そのためであります。

時間のずれに対して同様の議論をしますとエネルギーの保存則が得られます。回転をしても変化がないとすれば、角運動量の保存則がでてきます。空間の反転が実際上の違いを起こさないということからは、古典物理の意味では単純な結果はでてまいりません。偶奇性(パリティ)というものがありまして、偶奇性の保存則がなりたつわけですが、その内容はちょっと複雑であります。偶奇性の保存則などをもちだしたのは、皆さんおそらく、偶奇性の保存則がまちがいだったという証明の話を新聞などで読んでいらっしゃると思ったからなのです。もし新聞が、左右の区別はできないという原理がなりたっていないことの証明というふうに書いてくれていたら、話はずっとわかりやすかったことでしょう。

対称性のお話をしたついでに申し上げておきたいのですが、いくつか新しい問題が起こってきております。たとえば、どんな素粒子にも反粒子というものがあることです。電子に対する陽電子、陽子に対する反陽子といった具合であります。原理上は反物質というものが作れるはずでして、これは普通の原子の代わりに、それらの反対を集めたものです。水素原子は一つの陽子と一つの電子からできています。そこで反陽子、これはマイナスの電気をもっているのですが、この反陽子と陽電子をいっしょにすれば一種の水素原子ができるわけで、これが反水素の原子であります。実は、反水素の原子はまだ作られたためしがありません。それでも、反水素の原子はちゃんとできる計算ですし、これにかぎらずいろんな反物質が同様にして作れると信じられています。* そこで、反物質のはたらきは物質と同じだろうかという問題が起こってまいります。今日、私たちが知るかぎりにおいては、反物質のはたらきは物質と同じです。なにか物体を反物質から作っても、対応する物体を物質から作ったのと同じ振舞いをする――これは対称性の法則の一つであります。もちろん、物質と反物質をいっしょにしてはいけません。閃光を発して消滅してしまいます。

* (訳注)反水素原子は一九九六年にアメリカのフェルミ研究所とヨーロッパのCERN(ヨーロッパ原子核研究機構)で作られた。*Physics Today*, 一九九六年三月号。なお、ヘリウム核に反陽子と電子が結合した系について早野龍五・森田紀夫「反陽子ヘリウム原子――そのレーザー分光に成功」『科学』岩波書店、一九九四年五月号。

たしかに、物質と反物質は同じ法則に従うとながく信じられてきました。しかし、左右の対称性が破れたいま、重要な問題が起こるわけであります。中性子の崩壊を反物質について実験したとしましょう。反中性子が壊れて反陽子、反電子(すなわち陽電子)、ニュートリノが生まれるのですが、この崩壊は普通の中性子の崩壊と同じように起こるのでしょうか。これが問題です。陽電子はとび出してくるとき左巻きの自転をしているでしょうか。それとも反対でしょうか? 何カ月か前まで、私たちは自転の向きは反対だと信じておりました。物質が左を選ぶとき反物質は右を選ぶと信じていたのです。これが正しければ、火星人に左右を教えることはできません。たまたま火星人が反物質でできていたら、彼の実験では電子の代わりに陽電子がとび出し、自転の向きが反対ですから、彼は心臓を反対側と思ってしまうでしょう。火星人に電話をかけて、人のつくり方を説明したとします。彼はそのとおりにして、人がひとりできあがる。それはちゃんと動きます。一人前の男です。そこで、つぎにはこちらの社会のならわしを説明してやりましょう。最後に彼が十分に高性能の宇宙船を作るにはどうしたらよいか、これを教えてくれるかもしれません。それに乗ってあなたは火星に出かけます。例の男に会うためです。さて、歩み寄って握手のために右手を出します。男が右手を出せばOKです。左手を出したら、こいつはいけない。二人は消滅してしまうでしょう。*

＊ (訳注)その後の発展について、つぎの解説を参照するとよい。
森田正人「粒子-反粒子の対称性」『自然』中央公論社、一九六七年二月号。

南部陽一郎『クォーク(第二版)——素粒子物理はどこまで進んだか』講談社ブルーバックス、一九九八年、第八章。

小林誠「粒子-反粒子対称性の謎に挑む」『科学』岩波書店、一九九四年五月号。

黒川真一「反粒子はなぜないか」『科学』一九九九年八月号。

あと二つ三つの対称性をお話できるとよかったのですが、どうも説明がむずかしくなりそうです。近似的の対称性というのもあって、これも注目に値します。たとえば右左が区別できるという事実ですが、ここで特徴的なのは、その区別がベータ崩壊のような非常に弱い作用の助けによって初めて可能になるということです。すなわち、この自然は九九・九九パーセント右左の区別が不可能、ただ残りの小部分、かすかながら特徴的な現象があってこいつが偏っている。これだけは別物なのです。どうしてこんなことになっているのか、まだだれにもぜんぜんわかりません。謎であります。

5　過去と未来の区別

この世のできごとがはっきり非可逆なことは、だれの目にも明らかであります。それは、逆もどりのきかない現象が起こるという意味です。コップを落とせばこわれてしまいます。あなたは、そこに坐りこんで、破片がいつか集まってコップになり、ポンと跳び上がって手の中にもどるのを待ちますか？　海の波が砕けるのを見たら、その逆に泡どもが寄り集まって水が立ち上がり波ができて沖のほうにもどってゆく――それまで待ってみますか。こんなことが起こったら、さぞ美しいことでしょう。

講義の見せ物としてなら、いろんな現象を映画にとって逆まわしに映写する、そして爆笑をさそうというのが普通のやり方です。学生が笑うのは、それがこの世にありえない現象になるからであります。しかし、本当を言えば、過去と未来のちがいくらい明白で深いことがらを表現するにしては、これはむしろ弱い方法です。実験などしてみなくても、私たちの心の動きは過去と未来で完全にちがっています。過去を思い出すことはあっても、未来を思い出すことはありません。これから何が起こるだろうと気にするのは、過去に何かが起こったかもしれないと気にするのとちがいます。過去と未来は心理的にぜんぜん別物にみえるのです。記憶がそうです。また、未来のできごとを変えるために何かはできそうだと感じるという意味での意思の自由においてもそうです。過去のできごとを変えるために何かできることがあると思う人はいません。いたとしても少数でしょう。悔恨、後悔、希望など、どれも過去と未来をはっきり区別する言葉であります。

さて、この自然世界が原子からできており、私ども人間もまた原子からできていて、みんながみんな物理法則に従っているといたしますと、過去と未来がこんなにはっきりちがうこと、すべての現象が非可逆であることの説明は、物理法則のどれかが一方通行的なのだと考えることでしょう。原子の運動法則のどれかが、運動が逆向きには起こらないような具合になっているのだろう——これがすぐに思いつく説明です。自然の仕組みのどこかに uxles から wuxles はできるが、* その逆はけっして起こらないという原理がはたらいているにちがいない。そのために世界はつねに uxle 的状態から wuxle 的の状態に動いていく——物のはたらき合いがそのように一方向きだからこそ、世界の現象が一方向きにしか進行しないのでありましょう。

＊　(訳注) uxle も wuxle も辞書に見当たらなかった。とくに意味のない音の遊びなのだろう。

ところが、そのような法則は見つかっていないのです。すなわち、物理のどの法則を見ましても、これまでのところ、過去と未来の区別がありません。映画はどちら向きに回して映写してもさまになるはずなのです。物理学者は逆回しの映画を見ても笑うことはできません。

標準的の例として重力の法則を考えてみましょう。太陽と惑星があるとして、惑星をある方向に押し動かしてやります。惑星は太陽のまわりを回り始めますから、それを映画にとるのです。その映画を逆回しにして映写したら、さて何が起こるでしょう？ 惑星は太陽のまわりを回ります。もちろん逆回りであります。回り続けて楕円をえがきます。惑星の速さはといえば、動径が掃過する面積が同じ時間内ならつねに一定になるという具合であるでしょう。なんの変哲もありません。反対向きに走る場合と区別はできない。ということはすなわち、重力の法則が運動の向きによってちっとも違わないたちのものだということです。重力だけが関与する現象なら、映画を逆回しにしても写し出される現象は法則にかなったものになるわけであります。もっと正確にいいましょうか。何かある系を考えて、それは粒子をたくさん含んだ複雑な系であってもよいのですが、ある時刻に突然それぞれの粒子の速度をみんな逆向きに変えたとします。そうすると現象はもときた道を逆もどりし始める。ねじを巻いたのが、こんどはゆるむといった具合です。無数の粒子が動きまわっている。突然、速度を逆向きにしてやる。そうしますと歴史の逆コースが始まるわけであります。粒子たちは、それまでにしてきたことを逆の順序に忠実にたどっていくのです。

このことは、重力の法則にふくまれているわけです。速度の変化は力によって起こるというのですが、時間の向きを逆にしても力は変わりません。時間の向きを変えようと変えまいと、距離の同じところでは速度の変化率は同じです。軌道上、場所場所での速度がつぎつぎに前と同じだけ変わっていくわけですから、重力の法則が可逆的であることは見やすい道理であります。

電気や磁気の法則ではどうでしょうか。私どもの知るかぎりにおいて、これも可逆的です。前にお話したベータ崩壊の法則はどうでしょう。何カ月か前の実験によりますと、問題がありそうです。この法則はなにか未知の要素をかくしもっているかのようであります。この実験で出会った困難は、ベータ崩壊が可逆的でないことを示すのかもしれません。これからの実験が待たれるゆえんであります。それでも、こういうことはいえるのです。ベータ崩壊は、可逆的かもしれない、そうでないかもしれませんが、とにかく普通の状況の下ではたいして重要な現象ではない。私がこうやって皆さんに向かってお話ができること、これはベータ崩壊に関係ない。化学的の相互作用、電気力のおかげはこうむっておりますが、さしあたり核内の力は関係ありません。重力はたいせつな役目をしています。とにかく私が話す一方だということ、声は出ていくばかりでして、私が口を開いたからといって声が舞いもどって私の口にとびこむことはない。この非可逆性をベータ崩壊のせいにするわけにはいきません。いいかえれば、原子の運動によってひき起こされる普通の現象は、その全部が完全に可逆的の法則に従っているのであります。そうだとしたら、非可逆性はどうして説明されるか、私たちはもっと考えてみなければなりません。

惑星が太陽のまわりを回るのも、注意深く調べてみますと、必ずしもこれまでの話のとおりではない。たとえば、地球の自転は徐々にではありますがスローダウンしていきます。これは潮が満ち引きする際の摩擦のせいです。摩擦というやつは、明らかに非可逆性の原因になります。重い荷物を床において突きとばすと、ちょっと滑るだけですぐ止まってしまいます。いくら待っても、それが突然に動きだして、だんだん速くなって、そして私の手もとにもどってくるなんていうことは起こりません。摩擦のはたらきは非可逆的のようであります。ところで、いつかお話したと思いますが、摩擦というものは荷物と床板のたいへん錯綜した相互作用の結果なのです。荷物の原子と床板の原子とがぶつかりあってガタゴト震えはじめることであります。荷物の原子全体としての整然とそろった運動が、てんでんばらばら不規則きわまりない振動に変わる。ビリビリ、ガタガタ、……。そうだとしたら、私たちは現象を原子の世界まで立ち入って観察しなければなりません。

事実、非可逆性の謎を解く鍵がここにあるのであります。簡単な例でお話しましょう。大きな水槽に仕切りがしてあって、一方の側には青インク入りの水、他方には白い水、すなわちインクなしの水が入っているものとします。その仕切りをそうっと取り去るのです。初め水は二つに分離しています。一方は青い水、他方には白い水がある。ちょっとだけお待ちください。青と白がまじり始めるでしょう。やがて水全体が薄青色になります。ようく混じって、色が全体に広がってしまうのです。さて、いくら待っても、いつまで眺めていてもひとりでに分離が起こることはありません(もちろん、青を分離する方法はあるでしょう。水を蒸発させて別の場所で凝縮をさせればよろしい。あとに残った染料をすくいあげて半分の水に溶かし、仕切りをつけた水槽にもどせばおしまいです。しかし、この過程でいつかあなた自身が非可逆の現象を起こしているはずです)。とにかく、ひとりでに後もどりすることはないのであります。

ここに鍵がある。目をこらして分子の動きを見ることです。いま、青と白の水が混じるところを映画にとったとします。それの逆回しはおかしなものです。一様に薄青色をした水から始まって、だんだんに分離が起こるのですから、これは気違い沙汰です。ところで、この画面をうんと拡大してみたらどうでしょうか。物理学者なら、原子を一個一個観察して非可逆性のもとを見きわめたい。未来と過去の入れ換えがきかなくなるのはどんな事情によるのか、これを見つけ出したいと考えます。まず、映画を順方向に回してみましょう。画面をようく見るのです。二種類の原子が見えます(おかしな言い方ですが、それらを青い原子、白い原子とよぶことにしましょう)。熱運動で跳ねまわったりぶつかり合ったりしています。そもそもの初めには、青い原子はこちら側、白い原子はあちら側と分かれている。しかし原子たちは跳ねまわるのです。何億、何十億とある原子です。はじめ青と白が分かれていたとしても、多数の原子がちょこまかちょこまか跳ねまわるあいだにはだんだんとみんな混ざってくるでしょう。そのために水がだいたい一様の青色になるわけです。

画面をよく見て、原子と原子の衝突、その一回に注目しましょう。映画ですから、二つの原子がこんなふうに相寄って衝突し、別れてあっちにとんでいく、その一部始終がわかります。この部分を逆回しにしたら、こんどは原子が二つ、あっちのほうからさっきとは逆向きにとんできて、衝突をします。そしてこんなふうになる。物理学者は鋭い目つきでこれを観察し、速度やなんかを測定するのですが、「いや、何も変わったことはない。全く物理法則にかなっておるわい。分子が本当にあっちからこうきたら、このとおりになるじゃろう。」彼はこうつぶやきます。可逆的だったのです。分子の衝突の法則は可逆的なのです。

あんまり注意深く観察をしたら、かえってわからなくなりました。衝突はひとつひとつを見れば完全に可逆的なのでした。ところが映画を通して見ると、これはナンセンス。逆回しの映画では、分子どもは混合の状態から出発します。青、白、青、白、青、白、……。時がたつにつれて、衝突がくりかえされ、青と白が分離をしていく。こんなことはありえないのです。青がひとりでに白から分離するなんて偶然が起こるのは不自然であります。ところが、逆回しの映画でもよくよく見ると、ひとつひとつの衝突はごく自然なものです。なんの変哲もないのです。

これでわかりますことは、要するに、非可逆性は偶然がひき起こす――これです。分離の状態から出発してでたらめな変化を加えていきますと、混合が起こって一様になります。しかし、一様の状態から始めたら、そこにでたらめの変化を加えるのでしたら、分離は起こりません。それは分離したってかまわないのです。分子が衝突をくりかえすうちにだんだん分離が進むということがあっても、物理法則に反するわけではない。それはただ起こりそうもないというだけです。百万年のあいだ待っても起こらないでしょう。これがつまり答であります。現象が非可逆だというのは、要するにこういう意味です。一方に進むのは起こりやすい、逆もどりは、たしかに物理法則にかなうことであり可能なことだけれども、しかし百万年待っても起こることはない。十分に長く待っていたらどうだというのはこっけいです。十分に長く待っていたら、原子がジグザグうまい具合に動きまわってインクと水の一様な混合物が分離するか？　インクがこちら側に寄り、水はあちら側に寄るでしょうか？

いま水槽に小さい箱を入れて、その中に青と白の分子がそれぞれ四個か五個しか入ってないようにします。時間がたつにつれて、やはり混合が進むでしょう。しかし、どうでしょうか。分子どもが衝突をくりかえすのをじっと見ていれば、いつかは百万年とはいわずおそらく一年くらいもたてば、分子どもがたまたま初めの位置に帰る――正確にでなくても、間にしきりを入れると青の分子と白の分子が分離できるくらいにはなると思いませんか？　これならば、ありえないことではない。しかしです。実際に私どもが扱う物体がふくむ分子の数は四個とか五個とかいうものではありません。五〇〇万の一〇〇万倍のそのまた一〇〇万倍、こんなにたくさんの分子が分離を起こす必要がある。それは無理な話であります。こういうわけで、非可逆と見える現象でも基礎になる物理法則が非可逆なのではありません。なにか規則のある秩序だった状態から出発する。そこに分子の衝突のような自然界の不規則な作用がある――そうすれば現象は一方向きに進むわけでありまして、これが非可逆性の原因であります。

それなら、初め秩序ができたのはなぜなのか？　なぜ秩序だった状態から出発することができたのだろう？　これがつぎの問題として出てまいります。秩序からはじめて無秩序に終わらざるをえなかった。そこがむずかしいところであります。ものみな秩序に始まり無秩序にいたる——これがこの世の定めなのです。ところで、この秩序という言葉、無秩序という言葉の意味は日常に使われているものと正確に同じではない。物理学者は勝手に特別の意味を与えています。秩序と申しましても、人間であるあなたにはなんのかかわりもなくてよい。青の分子が片側に寄っているとか混じってしまっているとか、そんなことなので、これが物理学者流にいった秩序と無秩序の意味であります。

そこで問題は、そもそも秩序はどうしてできるのか。また、その辺の物を見ますと、これらは部分的に秩序をもっているわけですけれども、それがより秩序だったものから堕落してきたのだと私たちに言い切れるのはなぜか——こういったことが問題になってまいります。水槽の水が片側は濃い青色、反対側は白、そしてその中間は青っぽくなっていた。この水は二〇分か三〇分のあいだ放置されていたのだとわかれば、私どもは、そうか、以前は青と白がもっと完全に分離していたのだなと考えるでしょう。これからまた時がたてば混合はもっと進むだろうとも思います。いや二〇分どころか、もっと長く放置されていたのだと聞けば、それなりに以前の状況が推定できます。青と白の境界がぼけていると、以前はもっとはっきりしていたろうと思う。以前にもぼけていたのだったら、今はそれよりもっと混合が進んでいて然るべきだからであります。こんな具合に、現在から過去を推しはかることができます。

実際は、物理学者はあまりこういうやり方はしないものです。物理学者は「いま条件はこれこれだ。では、これから何が起こるだろう?」――こういう問題に答えるのが仕事だと思っている。しかし、他の科学ではちがいます。歴史にせよ地質学や宇宙論にせよ、物理以外の学問は、過去のことを推しはかる方であります。ここでは物理学者のとはちがった予言がなされるのだと私は思っています。物理学者なら「現在こうならつぎにはああなる」と申します。地質学者はこういうでしょう。「地面を掘ってこれこれの骨を見つけました。私は予言しますが、あそこの地面を掘れば似たような骨が見つかりますよ。」歴史学者は過去を問題にするのですが、それでも予言をいたします。フランス革命は一七八九年に起こったと歴史学者がいえば、それは別の文書でフランス革命のことを捜してもやはり同じ年になっているという意味なのです。彼は、まだ見たこともないもの、まだ発見されていない歴史文書について予言をしているわけであります。ナポレオンについて書いた文書が見つかることがあれば、それはこれまでの他の文書と同じ内容であるという予言をする。なぜこういうことが可能かと考えてみますと、それは、過去の世界が、現在の知識で明らかになっているのよりも、実はもっと秩序だっていたのだと信ずればこそのことでしょう。そう信じなければ歴史学は成り立ちません。

世界が秩序を得たのはつぎのような事情によるのだと唱えた人々があります。初め全宇宙は混沌としておりました。インクの混じった水みたいでした。ところで、前にも申しましたが、原子の数が多くなければ、長い時間待つうちには水とインクが分離することもありうる。要するにゆらぎ(ありふれた一様の状況から多少ずれることをいう)なのだ。混沌が続くうちにゆらぎによってたまたま秩序が生まれたのだ――このように考えた物理学者がいたのであります(一世紀前のこと)。ゆらぎで秩序ができた。そして今は秩序がほどけて無秩序に向かっているのである。こういうとさっそくにも抗議がとび出しそうです。「そんなゆらぎが起こるなんて、いったいどれだけ待ったらよかったのですか?」ごもっともです。でももしそのゆらぎがなかったら、進化も始まらないし知性ある人間も生まれなかった。どんなに長く待たされようと私たちには関係のなかったことです。生まれたときはゆらぎの起こったあとであった。とにかく、大きなゆらぎが一度はあったはずだというのであります。私は、しかし、この理論は誤りだと思います。笑止千万だと思います。その理由はつぎのとおりです。世界がずっと大きくて、原子どもが完全に混沌の状況から出発したのでしたら、ある場所でたまたま原子の分離が起こったといたしましても、他の場所でも同様に分離が起こっているとはいえません。ゆらぎが問題だというのですから、ここで何か異常が観測されたら、他の場所では平常であることの確率が高いわけです。すなわち、平常の状態からのずれは確率的に起こるのですから、あちらにもこちらにも期待できるものではない。青色と白色の水の例で申しますと、水槽の中でいくつかの分子が分離をしたといたしまして、そのとき最もありそうなことは、他の場所ではやはり混ざったままだということなのです。それですから、つぎのように考えなければなりません。空の星を仰ぎ世界を見るとき、そこに秩序がある。それがゆらぎの結果だとしたら、まだ見たことのない別の所に目を移せば、そこは混沌、ごちゃごちゃ——こう予言しないわけにはいきません。物質があちこちに固まって熱い星ができている。空間は冷たい。これが現実であります。ゆらぎの結果としてそうなったのならば、まだ観測の及んでいない場所では、星は混沌の中からまだ析出していないと期待される。ところが私どもはつねづね、まだ見ぬ宇宙にも星はあるだろう、遠くのほうもまあ似たような状況であるだろうと予言をいたします。これはナポレオンについての予言、以前に出てきた骨と似たやつがまた出るだろうという予言と同じことです。そこで、歴史や地質学、その他の諸科学の成功から考えると、世界がゆらぎで始まったとは思えません。現在よりも分離のきいた、もっと秩序だった状況から始まったのにちがいない。こんなわけで私は、物理の諸法則に加えて、過去において宇宙は物理的にいって現在より秩序だっていたという仮説が必要だと考えております。非可逆性を理解し、その議論を成り立たせるためには、このような仮説がいるだろうと思うのです。

この仮説は、それ自身、過去をえこひいきするものです。過去は未来とちがっていると

しております。でも、これは私どもが普通に物理法則とよぶものには属さない。私どもは

今日、宇宙が変化していく際の規則性を支配するところの物理法則と、過去において世界

第 26 図

がどのようであったかを述べる命題とは区別したい——こういう

方針で研究をしているわけです。過去における世界の状況を調べ

るのは宇宙論の一部とされています。この諸命題もおそらく、い

つの日にか物理法則に繰り入れられるのでありましょう。

さて、非可逆現象の特徴ですが、これはお話したいことがたく

さんあります。その一つは、非可逆的の機械は正確にいってどの

ように動くかということです。

なにか一方向きにしか動かないものを作るとしましょう。私な

ら、歯止めつきの車を作ります。第26図をご覧ください。回転の

こぎりみたいに車のぐるりに歯を刻む。歯の片側は鋭くえぐり、

その背中はゆるやかな斜面にするのです。車にはもちろんシャフ

トをつける。それから歯止めですが、これも支点を中心に回れる

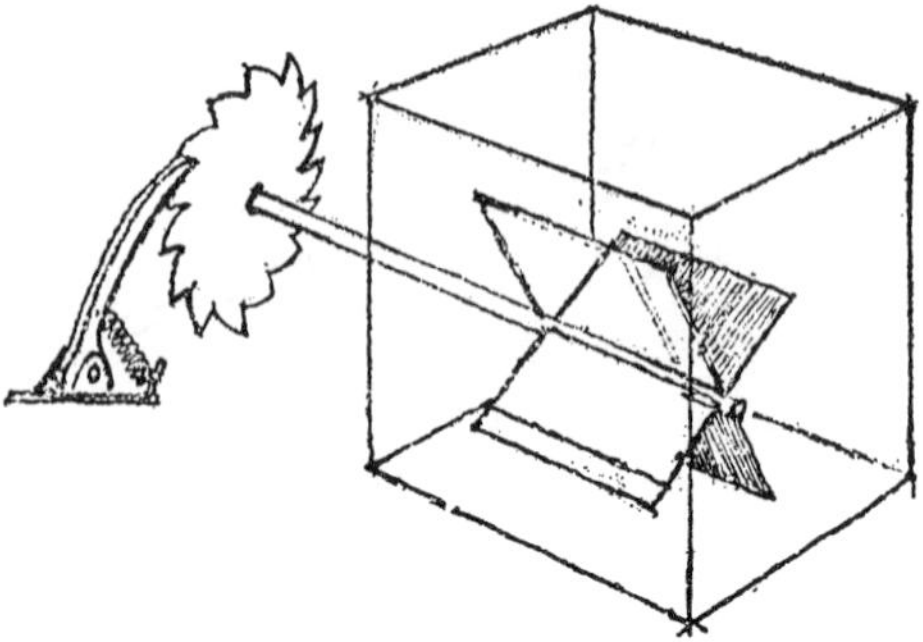

第 27 図

ようにしてバネで車に押しつけておきます。

この車は一方向きにしか回れません。反対に回そうとしても、鋭くえぐられた歯が、歯止めとかみ合って動きません。その反対にまわすのなら、歯止めは歯の背中をさすってパチン、パチン、パチン(こんな仕掛けはおなじみでしょう。時計にも使われています。ネジが巻けるのはそのおかげで、巻く向きには回せても、巻いたあとは歯止めにひっかかってもどらない)。車が一方向きにしか回れないという意味において、これは完全に非可逆的であります。

この歯止めつき歯車という非可逆機械はたいへん有用だ、おもしろい使い道があると夢想している人がいます。ご承知のとおり分子というやつはあくことなく不規則運動を続けております。ですからうんと敏感な装置をつくれば、それは空気分子が不規則にたたくのを感じてつねにブルブル震え続けるはずです。そいつはうまい。さっきの歯車をシャフトでもって羽根車につないでやりましょう。第27図のようにするのです。羽根車は気体の入った箱に入れます。分子が羽根を不規則にたたきますから、羽根はあるときはこちらへ、あるときはあちらへと押されるわけです。ところが、こちらに押されたときは歯止めがひっかかる。あちらへ押されたときだけ車は回るのです。それでいつまでも車は回り続けます。一種の永久機関ができました。これも歯止め車が非可逆的であるおかげです。

本当は、しかし、もっと立ち入った観察が必要なのです。この機械が動くのは、車が正しい向きに回るとき歯止めが上がって、やがてパチンと落ちるからです。落ちた歯止めは歯車をたたきます。たたけばはね返るでしょう。歯止めも歯車も完全に弾性的なら、何回でもはね返る。バン、バン、バン。これでは歯止めの役をしません。歯止めがはね上がったすきに車は反対に回ってしまいます。歯止めがおりたときそこに粘りついて止まるか、あるいは、はね上がるにしても、上がり下がりがすぐ終わるのでなければ役にたたない。はね上がりはするけれども上がり下がりの振動はまもなく終わるという場合、これは減衰効果ないしは摩擦がはたらくからです。これなしには車が一方向きに回りつづけることがないというわけですが、歯止めが歯車をたたいてははね上がって、それをくりかえして、やがて止まるというときには摩擦のために熱が発生いたします。歯車がだんだん熱くなる。それであんまり熱くなりますと新しい現象が起こるのです。羽根車のまわりの気体分子が不規則運動、つまりブラウン運動*をするのと全く同様に、歯車や歯止めが何でできていようと、その一部が熱くなってくるのですから、やはり不規則運動が始まるわけです。歯車があんまり熱くなりますと、激しい分子運動のために歯止めは震え動くばかり。激しく震える分子にたたかれてははね上がって振動をいたします。羽根車に分子が当たるのと同じことであります。歯止めは上がったり下がったり、上がっている時間も下がっている時間も同じくらいになりますので、歯車はいまやどちら向きにも回転できる。一方向きではありません。そして事実、逆向きの回転も起こるのであります！ 歯車のほうが熱くて羽根車のところは冷たいとすれば、車はこれまで考えてきたのと反対に回るのです。なぜなら、歯止めがおりるたびに、それは歯車の歯の背中の斜面にくるのですから、歯車を逆向きに押すわけです。逆向きに歯車をまわしておいて、はね上がり、つぎの背中にとびおりる。これをくりかえすのであります。ですから、歯車のほうが羽根車のところより高温なら、車は逆向きに回る。

＊ (訳注)ブラウン運動や気体分子の運動については、江沢洋『だれが原子をみたか』岩波科学の本17、一九七六年、一九九八年を参照。

でも、羽根車のまわりの空気の温度がどうして問題になるのでしょうか？ 羽根車がついていなかったとしてごらんなさい。歯止めが歯車の背中の斜面に落ちたときは車を前に押すでしょうが、そうするとつぎの瞬間、歯の鋭く切り込んだ側が歯止めにぶちあたる。歯車は歯止めにはね返されて後もどりするでしょう。これでは回転になりません。はね返りを防ぐためには減衰を入れればよいので、羽根車をつけて空気の抵抗を利用することにします。回転がのろくなれば、はね返りなしですむわけです。車は一方向きに回転を続けることになりますが、その向きは前と反対であります。要するに、このような機械は一方の側が高温ならこちら向きに回転し、反対側がより高温のときはあちら向きに回転する。そうして二つの側が熱のやりとりをするわけです。熱のやりとりがすんで歯車と羽根車との温度が等しくなったとき、この機械はおとなしくなる。あちらへこちらへとゆれ動きはしますけれども、平均としてはどちら向きにも回転しないのです。自然の現象は、一方の側が他方より静かであるとか、一方が他方よりも青いとか、要するに平衡からずれているかぎり一方向きに進行するわけで、いまお話したのは、このことの物理屋ふうの説明であります。

エネルギーの保存ということから考えますと、いくらでもほしいだけエネルギーがあるように思われます。自然はエネルギーを失いもしない、作りもしない。しかし、たとえば海水のエネルギー、すなわち海の中にある原子どもがもっております熱エネルギーは、実際上なんの利用価値もありません。このエネルギーを組織だて、向きをそろえて、私どもが利用できる形にするためには、なにか温度差をつくってやらなければならない。さもないと、エネルギーはあっても利用ができません。エネルギーが存在するということと、利用できるということとは大違いです。海水は大量のエネルギーを内蔵しておりますが、利用の道がありません。

エネルギーが保存されるというのは、宇宙のエネルギーの総量が一定だという意味です。ところが不規則にふらふらする運動ではエネルギーが一様に広がってしまいまして、一方向に流すことができない。せっかくのエネルギーも制御できないのであります。

なにが面倒なのか、そのおおよそをお話するのにこんなたとえが役に立つかと思います。経験がおありかどうか存じませんが——私はあります——砂浜に何枚かタオルを敷いて坐っているとき、にわか雨に見舞われたとします。急いでタオルをつかみ脱衣場に駆け込む。からだを乾かしたいのですが、タオルもちょっとぬれています。それでもからだを拭けないほどではない。しかし拭いているうちにぐっしょりになって、もうだめです。そこでタオルを替える。そうこうするうちに、これは困った、どのタオルもあなたのからだと同じくらい湿ってしまって、もう役に立ちません。タオルはたくさんあるけれど、これ以上からだの水気はとれない。タオルのぬれ加減とあなた自身のぬれ加減に差がなくなってしまったからです。「水のとれやすさ」という言葉を発明してもよい。いまやタオルの水のとれやすさは、あなた自身の水のとれやすさに等しいので、からだにタオルをあてますと、からだからとれてタオルにゆくのと同じだけの水がタオルからとれてからだについてしまう。もちろん、からだとタオルと同量ずつの水がついているわけではありません。また、大きいタオルは小さいタオルよりよけいの水を含んでおります。しかし湿り具合は同じなのです。湿り具合が同じでは、もうどうにもなりません。

総量が変わらないという点で水はエネルギーに似ております(脱衣所のドアが開いていて、外に出て日に当たれるなら、あるいは別のタオルがもらえるなら話は別です。いまは、部屋は閉めきってあり、ぬれタオルを捨てるわけにもいかず、新しいタオルも手に入らないものとします)。同様に、世界が閉めこみになっているとしたら、長い時間のあいだには偶然が重なって、エネルギーは一様にばらまかれてしまいます。そのとき一方向きの流れもおしまいになるのです。世界のおもしろみもこれでなくなってしまうでしょう。

歯止めつき歯車と羽根車の仕掛けも、それだけ孤立していて、他のなにものもかかわりをもたないので、両端の温度がだんだんに等しくなり、車はどちら向きにも回転しなくなります。他のどんな系でも同様であります。十分に長く放置すればエネルギーは一様にひろがって、なにか仕事をするのに使えるエネルギーは残らなくなってしまいます。

ついでながら、湿り具合、あるいは「水のとれやすさ」にあたる量は温度とよばれます。

私は、二つの物の温度が等しくなると平衡に達すると申しました。それはしかし、両者が等量のエネルギーを持つということではありません。エネルギーがAからBに移るのもその逆にBからAに移るのも同程度に容易だという意味なのです。つまり、温度とは「エネルギーのとれやすさ」のことであります。ですから、同じ温度の二つの物体を隣合せに置けば、一見なにごとも起こらないかにみえるでしょう。エネルギーのやりとりはあるのですけれど、与えるのと同じだけもらうので、差し引き勘定はゼロになるわけです。こんなわけで、温度がいたるところ同じになってしまえば、仕事に使えるエネルギーはなくなるのです。一般に、温度のちがういくつかの物体を放置すると、時間がたつにつれて同温度に近づき、エネルギーの有用度は不断に減少するものです。これが非可逆性の原理であります。

これはまたエントロピー増大の法則として言い表わされることがあります。エントロピーという名の量があって、それがつねに増加を続けるというのです。しかし、名前を気にするのはよしましょう。言い換えれば、エネルギーの有用さがつねに減少するということなのです。これは分子運動が不規則で混沌としているせいですから、つまりこの世界の宿命であります。温度のちがう二物体をそれらだけで放置しておけば、温度はやがて同じになる。温度の同じ二物体ならば、火の入っていないストーブに水をのせたという系がその一例ですが、水が凍ってストーブが熱くなるなんてことはありません。逆に熱したストーブの上に氷をのせれば、事態は進んでいつかは温度が同じになるのです。こんな具合に、現象の進行は一方向きで、それはエネルギーの有用さを減らすほうに向いているのであります。

この章の主題について、お話したいと思っていたことは、これでみな申し上げてしまいました。これからいくつか気のついたことを述べてみたいと思います。非可逆性が一つのよい例であるわけですが、これほど明白な事実が法則から一目で読みとれるのではなくて、実際、基礎法則から遠く離れた位置にある――これはおもしろいことです。なぜそういう事実があるのか、たいへんな手間をかけて解析しなければ理解ができません。非可逆性は、世界の経済にとって、また歴然とした諸現象、世界の振舞いを理解するうえにおいて、最も重要なものであります。私の記憶、私の特性、そして過去と未来の区別――みんなこれに関係している。にもかかわらず、非可逆性の理解は基礎法則を知ればただちに得られるというものではない。長い長い解析が必要なのであります。

物理の諸法則が経験には直接結びつかない、程度の差こそあれ法則は経験から離れた抽象的なものである――こう感じさせられる場合がしばしばあります。いまの問題で、法則は可逆的だが実際の現象はちがうというのも、その一例です。

物理学の基礎にある諸法則と現実の現象の主要な側面とが非常に離れてしまっているという例は、たくさんあります。たとえば、氷河を遠くから眺める場合です。大きな岩が海に落ちこんだり、氷が動いたりするのが見えますが、このとき、その氷は六角形の結晶からできているのだったなんて思い出してもしかたがありません。しかし、十分に理解が届いた暁には、氷河の運動も、六角形の氷の結晶の特性から導かれるはずのものでしょう。ただ氷河の振舞いをすべて理解するには時間がかかります(氷の結晶はずいぶん研究されてきたのに、まだ氷のことはよくわかっていないのです)。それでもなお、氷の結晶が本当に理解されるとき、氷河もまたついに根底から理解されることになる——私たちはこのように希望することができます。

実際そうなのです。これまで何回かの講義で物理法則の原形といったものをお話してきたわけですが、ここでどうしても一言しなければならない。それは、今日わかっております基礎法則をすべて学びつくしたとしても、何につけ、ただちにたいした理解が得られるわけではないということです。理解には時間がかかる。時間をかけたうえでもなお理解は部分的であるでしょう。最も重要なことがたくさんの法則のからみ合いからいわば偶発的に生ずる——この自然というやつは、どうもこのように仕組まれているらしい。

一例をあげれば原子核です。これは何個かの核粒子、すなわち陽子と中性子を含んでおり、非常に複雑なものであります。原子核はエネルギー準位というものをもっている。いろいろエネルギーの値の異なった状態がとれるということです。いくつものちがった状態になれるのです。さて、エネルギー準位は原子核によっていろいろです。そのエネルギー準位の位置をきめるのは複雑な数学の問題で、今日でも部分的にしか解けておりません。準位の正確な位置はものすごく錯綜した仕組みによってきまるので、窒素の原子核がーーこれは一五個の核粒子からできているのですがーー二・四ミリオン電子ボルト、[*]七・一ミリオン電子ボルト等々の位置にたまたま準位をもっているとしても、たいして不思議がるには及びません。ところが自然というのはおもしろいもので、全宇宙の成り立ちが、ある一つの原子核の一つのエネルギー準位にかかっている。炭素一二という原子核がありまして、これが七・八二ミリオン電子ボルトの準位をもっています。これが世界の様相を一変させたのです。

＊　一電子ボルトは、電子を一ボルトの電位差で加速したときの運動エネルギーに等しいエネルギー。1.6×10^{-19}ジュール。一ミリオンは一〇〇万のこと。

それはこういうことです。宇宙のはじめは水素ばかりだったらしいのです。水素からはじめるとしまして、水素が重力のために相寄り、相集まって、そうすると温度が上がりますから原子核反応が起こるようになります。まずできるのはヘリウムです。ヘリウムにまた水素がいくつかくっつけば、もう何種類かのいくらか重い元素もできるでしょう。しかし、この重い元素はまもなく崩壊してヘリウムにもどってしまいます。こんなわけで、かなり長い間、宇宙のいろんな元素がどのようにしてできたものか大きな謎でありました。水素からはじめますと、どう料理してもあまりヘリウムから先にいかれない。せいぜい半ダースくらいの種類の元素ができるばかりなのでした。この問題に直面して、ホイル教授*とサルピーター教授**とが一つの解決法に気づきました。三つのヘリウム原子が集まって炭素をつくることが可能だとして、星の内部でこれがどのくらいの頻度で起こるかを計算するのは容易であります。計算してみますと、それはけっして起こらない。ただし一つの偶然があれば話は別という結果が出ました。もしも、炭素が何かの偶然で七・八二ミリオン電子ボルトのエネルギー準位をもっていれば、ヘリウム原子が三つ集まって、ちょっとの間はくっついたままでいるだろう。三つがたまたま集まってもやがては離れてしまうわけですが、七・八二の準位がない場合よりは、平均としていくらか長い時間くっついたままでいる。その間には何か反応が起こって、別の元素ができることもあるだろう——こういうわけであります。炭素が七・八二ミリオン電子ボルトの準位をもっていてくれたら、周期律表に並んでいるすべての元素の由来がわかる。そこで、逆向きのと申しましょうか、結論から前提を出すような話ですが、炭素は七・八二ミリオン電子ボルトのエネルギー準位をもつはずであるという予言がなされました。研究室で実験をしてみましたら、確かにその準位がみつかったのであります。この世にいろんな元素が存在するということは、ですから、炭素がこの一つの準位をもっている事実と切り離せない。ところが、この準位が炭素にあるのは、物理法則に照らして考えるとき、一二個の核粒子が非常に複雑に相互作用した結果の偶然に見えるのです。これがよい例になっていると思うのですが、物理法則を理解しても、それでただちに宇宙の重要な特性が理解できることにはなりません。現実の経験は、よく考えてみると、基礎法則からたいへん離れていることが多いのです。

＊　Fred Hoyle, イギリスの天文学者。一九七二年までケンブリッジ大学。

＊＊ Edwin Salpeter, アメリカの物理学者。コーネル大学。

宇宙の諸現象は、いろんな階級、あるいは階層に分けて考えることができます。もちろん、截然とした話ではありません。世界をここからここまで、ここからここまでという具合にきっちりと階層に分けるつもりはない。理論の階層性ということで私が何を意味しているか、いくつかの例でお話ししましょう。

一方の極端には物理の基礎法則があります。そのつぎに私どもは近似的な概念をいろいろ取り出して名前をつけます。これらは最終的には基礎法則によって説明されるべきものです。たとえば「熱」。この熱というものは不規則運動だと考えられる。熱いものに対して使うこの言葉は、つまり、乱雑に動きまわっている原子の大群を意味しているわけです。しかし、熱といえばいつも動きまわる原子を思い浮かべるというものでもありません。氷河といっても、六角の氷の結晶や、そもそものもとになった雪片を思い浮かべるとは限らないのと同様です。要素を求めればたくさんの陽子、中性子、電子からできているわけですが、私どもは「塩の結晶」という概念をこしらえています。これは要素の相互作用を集約した概念であります。圧力というものを考えるのも同じやりかたです。

もうひとつ階段を上がりますと別の階層があります。物の性質に関する諸概念がくる。たとえば「屈折率」は、物に光が出入りするときどれだけ進行方向が曲げられるかを示します。「表面張力」は水が自分自身を引っぱってちぢこまろうとすることです。そして、どちらも数値で表わすことができます。ご承知のとおり、表面張力が原子間の引力によることを見るには、いくつかの法則を動員して議論を重ねる必要がある。それほど深いところまでわかっております。それでも私どもは、たんに「表面張力」といってすますことが多く、いつもいつも内奥の仕組みを気にかけるわけではありません。

階層をもっと上にまいります。水には波がたちます。嵐というものもある。「嵐」という言葉ひとつですさまじく大きい現象が表わされているわけです。「太陽黒点」とか「星」とか、これらもいろんな事柄の複合であります。いちいち基礎までもどって考えていてはたいへんです。事実上、不可能でしょう。階層を上にいけばいくほど、たどるべき議論は何段にも増して、どの段にもいくらかずつ弱いところがあるからです。基礎からずっと通して考えてみたという例はありません。

この複雑さの階段をもっと上にのぼりますと、筋肉の収縮とか神経を伝わる電気信号とかに出会うでしょう。これらは手のこんだ物質組織にかかわり、物理の世界としてはもう猛烈に複雑なものであります。このつぎに階段をのぼれば、出会うのはたとえば「蛙」です。

さらに進めば、「人」とか「歴史」「政治」などという言葉ないし概念にたどりつく。高い階層に上がるにつれてつぎつぎと新しい概念が必要になってくるわけです。

そうして悪とか美とか希望とかにいたる……。

宗教のたとえを使ってよろしければ、神。しかし、神はどちらの端に位置するのでしょう。基礎法則のほうなのか、美や希望のほうなのか？　いや、あれこれのつながりによる構築の全体としなくてはいけない——これが正しい言い方かと私は思います。すべての科学、いや科学ばかりでなく、知性のあらゆる方面にわたる努力のすべては階層のあいだの関連を見抜こうとするものです。美の観念を歴史と結びつけ、歴史を人間の心理に、人間の心理を脳のはたらきに、脳を神経の電気信号に、神経作用を化学に等々、上へも下へも、どちらの方向にも関連を求める努力であります。今日この階層を下から上まで貫く経糸を引くことはまだできません。それができると言挙げしてみてもしかたがない。このような階層構造のあることが今ようやく見えはじめたばかりだからであります。

そして私は、どちらの端も神により近いということはないと思うのです。どちらかの端に立って、そこから出発することこそが真の理解への道であると考えるのはまちがいだと思います。悪や美、希望の端からにせよ、あるいはまた基礎法則の極端からにせよ、そのような観点だけから全世界の深い理解を得ようと望むのはまちがっています。一方を専門とする人、他方を専門とする人がそんなふうに相手を軽視するのは分別あるやり方ではない(実際は学者たちはそのようなことはしていないでしょう。しかし、しているという人が多いのです)。たくさんの研究者たちが、中間の階層で上下の一段につながりをつける仕事をしております。世界に対する私たちの理解を進めているわけです。階層の両端で働く人々、中間の階層で働く人々——こうした人々のおかげで、複雑に結ばれた多層建築である、このとてつもない世界を、私たちは徐々に理解していきつつあるわけであります。

6　確率と不確定性——量子力学的の自然観

実験から出発してものを推理していく場合、そもそもの手がかりを与えるのは、日常的の単純な経験、それにもとづく直観であります。直観に頼ってもっともらしい説明を考え出す。科学の歴史は、まさにそのようにして始まったのです。しかし、経験の範囲が広がるにつれて、あれこれの現象に与えた説明のつじつまを合わせる必要が起こってまいります。視界がだんだん広がって、広範な現象が理解されたときに、そうした説明は成熟して法則になるわけです。ところで、不思議なことがひとつあります。視界が広がるとともに、その説明なるものが多くの場合もっともらしさを失い、直観から遠ざかっていくということ。たとえば、相対性理論なら、こんな具合です。二つの事件が同時に起こったとあなたが思ったとしても、それは、あなた個人の意見にすぎないのであって、だれか他の人はその二つのうち一方が先に起こったのだというだろう。同時刻という概念など主観的の印象でしかない——。

説明が直観から遠ざかっていくのはやりきれない。しかし、考えてみれば、その反対を期待する理由はないわけです。日常の経験は原子を無数に含む物体が相手であります。スピードもたいして大きくない。いずれにせよ特殊なものでして、自然世界についての経験としてはごく限られたものでしかありません。素手で経験できるのは自然現象のほんの一部分なのです。測定装置に巧みをこらし注意深い実験を行なったときに、はじめて視界が開けるのであります。予期しなかった現象がそこに現われる——予測とはおよそかけ離れた、想像もできなかった現象が見出されるのです。そこで、想像力を精一杯にはたらかせねばならない。フィクションのように、現実には存在しないものを想像するのではありません。まさしく存在するものを理解するために想像の翼を伸ばすのです。きょうこれからお話したいのは、このような状況についてであります。

光についての歴史から始めましょう。初め、光は粒子のようなふるまいをすると考えられたものです。粒子の流れ、つまりは降りそそぐ雨とか、機関銃から飛び出す弾丸みたいなものと思われていました。しかし、研究を進めてみたら、その考えの正しくないことが明らかになった。光は実は波のように振舞うのだ。水面の波のようなものだということになりました。そこで二〇世紀がくるのです。研究がさらに進んで、光は粒子のように振舞う面も多いことがわかってまいりました。光電効果を使えば、その粒子を数えることさえできる。今日の言葉で光子というのがそれであります。

電子は、最初に発見されたときには、粒子というにせよ、弾丸にせよ、ずばりそのとおりの振舞いを示したものです。話は単純明快であった。しかし、研究を進めてみたら、たとえば電子線回折の実験ですが、波の性質が現われました。そして話がこんがらがってきたのであります。波のように振舞うかと思えば、また粒子のようにも振舞う。いったい粒子なのか波なのか？　どうも、そのどちらにも見える。光がそうでした。電子がそうでした。

この謎が解けたのは、一九二五年と一九二六年、*量子力学の正しい方程式が発見されたときでありました。いまや私どもは電子や光の振舞いをよく知っております。しかし、それをなんとよんだらよいのやら？　粒子のような振舞いだといえば誤った印象を与えることになります。波といっても誤りです。光も電子も何にたとえようもない独特の振舞いをする。物理学の術語をもち出して量子力学的の振舞いとでもいうよりほかありません。それは、あなた方がこれまでに見たことのあるものとはぜんぜんちがう。似ても似つかないものであります。ということは、つまり、目を通して積み上げてきたあなたの経験が不完全であった。極微の世界にいくと物の振舞いがちがっている——ただそれだけのことであります。原子は、バネに吊った錘が振動するような具合に振舞いはしない。原子は太陽系の縮尺模型ともちがうので、惑星みたいなのが軌道を回っているのではない。そうかといって、原子核のまわりを雲か霧がとりまいているようなものでもない。要するに、あなた方がこれまでに見たことのあるものとは、ちがっているのです。

＊（訳注）一九二五年にはハイゼンベルクが行列力学の基礎になる方程式をたて、一九二六年には、シュレーディンガーが波動力学の方程式を書きおろした。これらは見かけのちがいにもかかわらず同等なものであることが、後にシュレーディンガーによって証明された。伝記的事項も含む次の本を参照。江沢洋訳・解説『波動力学形成史』みすず書房、一九八二年。

それでも、一つだけ話が簡単になるところがあります。それは、電子も光子も振舞いが同じになったということです。奇妙でいっぷう変わった振舞いですが、それは電子でも光子でも同じなのであります。

いったいどんな振舞いなのか。それを理解するのにはどえらい想像力が必要です。なにしろ既知のものとはまるっきりちがうのですから――。今回の講義は、それゆえ、このシリーズの中で最もわかりにくいものになりそうです。どうしても抽象的になる。経験世界から離れてしまう。しかし、これを避けて通ることはできません。物理法則とは何か、これについてお話するのが私に与えられた課題であります。そうだとしたら、極微の世界で粒子が本当はどんな具合に振舞っているものか、そこまでお話しなければ、役目を果たしたとはいえないでしょう。それは自然界のあらゆる粒子に共通のことなのですから、それほどに普遍的の姿なのでありますから、物理法則とは何か、それを聞きたいとおっしゃる皆さん方には、なにがなんでもお話申し上げなければなりません。

きっと、わかりにくい話だとお思いになることでしょう。「そんなことがどうして可能なのか。」この疑問につきまとわれる。つねに責めさいなまれることになりそうでお気の毒ですが、これは、しかし心理的のものでありまして、なにか見慣れたものになぞらえて理解をしたいと思うからそうなるのです。これは満たされえない欲望なのですが、人間には無意識のうちにそういう疑問をもって考えこむ癖がついている。意識下のことでコントロールがきかないのです。とにかく、私は、ありのままを申し述べるという立場でお話をいたしましょう。

その昔、相対性理論のわかる人は一ダースといないだろうなんて新聞が書きたてた時代がありました。私にはそれが信じられません。理解者が一人だけという時期ならあったかもしれない。そこまで漕ぎつけたのは彼一人だったのだからです。しかし、彼が論文を書いた後はたくさんの人々がそれを読んで理解をした。理解の仕方は各人各様だったでしょうが、とにかく、相対性理論を理解した人が一ダース以上いたことは確実であります。

ところが、量子力学となると、これを本当に理解できている人はいない。こういってまずまちがいないと私は思っております。ですから、皆さんもどうかあまりむきにならないでください。私がこれからお話することを、何かの模型になぞらえて理解しきるのが本当だなんて思わないでいただきたい。どうか、皆さん、気を楽になさって私の話をお楽しみください。私は、自然がどんな具合に振舞うものか、それをお話いたします。まあ、そんなこともあるものかと素直に受けいれてください。そうすれば、自然というやつも愉快な魅惑的な相手であることがおわかりになると思います。できることならの話ですが、「どんなからくりでそうなるのだろう」と考えこむのはおやめください。泥沼にはまってしまうからです。それは袋小路です。いまだかつて出口を探り当てた人はいない。どんな仕掛けで自然がそんなふうに振舞うのか、だれにもわかっていないのであります。

さて、電子とか光子がどんな具合に振舞うものか、量子力学の特徴がずばり現われる典型的の例をお話しましょう。身近なものになぞらえたり、ちがいを強調したり、まぜこぜでいきます。なぞらえるばかりではうまくいかない。類似をたどったり、また対照をしたり、その両方が必要です。まずは粒子の振舞いに引き比べましょう。それには弾丸が手ごろであります。そのつぎに波の振舞いと比べてみる。それには水面の波を用いましょう。何を始めるのかと申しますと、ある特別な実験を考えて、もし粒子を使ったらどうなるか、これを最初に説明します。つぎに、波だったら何が起こるだろうかと考えてみる。そして

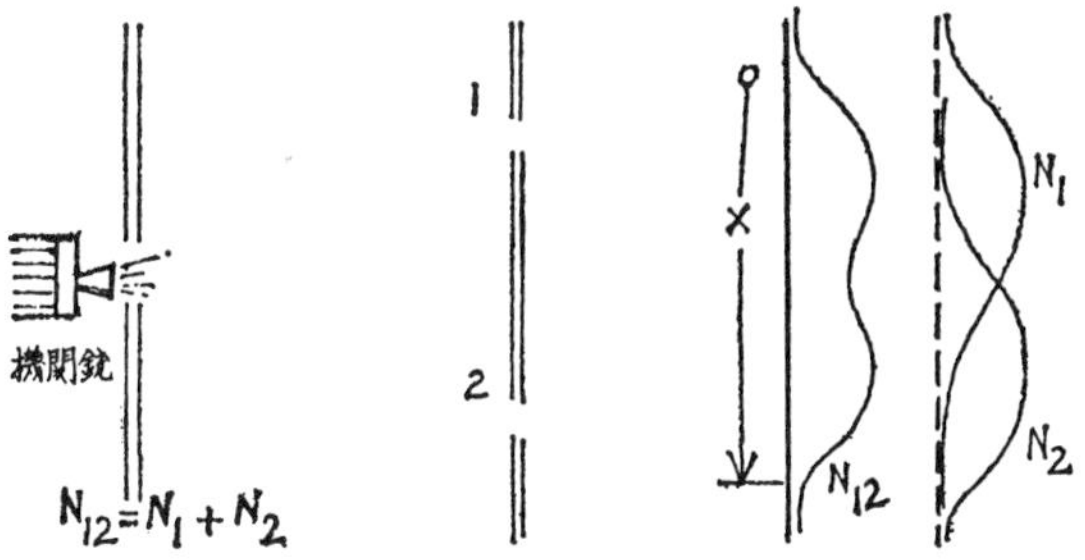

第 28 図

最後に、電子や光を実際に使って実験したらどうなるかを申し上げましょう。お話するのはこの実験ひとつだけですが、これは量子力学の神秘をすっかり含むように工夫してある。自然の謎、神秘、そして特異性を一から十までことごとくあなたにお見せします。量子力学なら他のどんな状況にぶつかっても、もう恐れることはない。「あの二つ孔の実験さ。知ってるだろう？　あれと同じことなんだよ。」これですんでしまう。その二つ孔の実験をこれからお話いたします。これは神秘性をすっかり含んでいる。私はなにひとつ隠しだてをしない、自然を裸にして、最も優雅にして最も理解しがたいその姿をお目にかけるのであります。

弾丸を使う実験から始めましょう。第28図をごらんください。たとえば機関銃があって、弾丸が飛び出してくるとします。その前方に板があって、これは装甲板ですが、弾丸の通り抜ける孔が一つあいています。ずっと離れてもう一枚の板があり、これには孔が二つあいている。これが有名な二つ孔。これらの孔について私はこれから何度も語らなければならないので、名前をつけておこうと思います。孔一号、孔二号としましょう。丸い孔です。図に示したのはその断面であります。さて、さらにずっと離れた所についたてがあって、これは弾丸を止める役目ですが、その上のいろんな場所に検出器がつけられるようになっています。相手が弾丸ですから検出器は砂箱でよろしい。これに飛び込んだやつを数えてやる。実験というのは、この検出器、すなわち砂箱をいろんな位置においては飛び込んでくる弾丸の数をかぞえることです。実験の結果を記述するためには、あるきまった点から砂箱までの距離を測って x とし、x を変えたら——つまり砂箱を上下に動かしたらばどうなるか、これを言えばよい。実験に入る前に私は三つの理想化をしておきます。実際の弾丸の場合とは話を少し変えるのです。第一に、機関銃はぐらぐらしていて弾があっちこっちに飛ぶ。けっして真直ぐに前へばかり飛ぶのではない。だから装甲板にあたってはね返されることもあるわけです。第二に、これはたいして重要なことではありませんが、弾丸はどれも同じ速さ、エネルギーをもつとします。実際の弾丸とちがうのは、弾丸が絶対に割れない、壊れることがないとする点で、これは私たちの理想化のなかで最も重要なものです。砂箱を探って見つかるのは、ですから、弾丸の破片ではない。鉛のかけらではなくて、ちゃんとした一人前の弾丸であります。

壊れない弾丸を考えるか、さもなければ装甲板が軟らかい、弾丸は硬いのだと思えばよろしい。

この弾丸の場合に第一に注目すべき点は、検出器に入ってくるものがかたまりになっていることです。弾丸を数えてみれば、一個、二個、三個、四個などとなる。かたまりになっていて数えられる。それぞれ大きさが同じである――まあ、それをいま仮定しているわけですが、箱に飛び込んでくるときには、まるごと入ってくるか、ぜんぜん入らないかのどちらかである。また、箱を二つ置いたとしても、それらに同時に弾丸が飛び込むことはない。もちろん機関銃がたいして速射ちでなく、発射のあいまに箱が調べられるとしての話であります。発射速度をうんと落とし、二つの砂箱を急いで調べる。そうすれば弾丸が二つきてそれぞれの箱に同時に入るということはありません。弾丸は一つのきまったかたまりなのです。

そこで、ある時間のあいだに何個の弾丸がくるか測定をいたします。たとえば、一時間のあいだに砂箱に何個たまるか。それを数えて平均をします。一時間当りの飛来数を求める。それを飛来の確からしさとよんでもよいでしょう。孔を通り抜けた弾丸が問題の砂箱に飛び込むというその偶然がいったいどんな割合で起こるかを示すものだからであります。箱に飛び込む弾丸の数は、xを変えればもちろん変わるでしょう。第28図には、砂箱を一時間ずつあちこちの場所においたとき、いったい何個ずつの弾丸がつかまるか、これを横向きのグラフにして示しました。だいたいこの N_{12} と記したような曲線になるわけです。箱が二つ孔のうち一方の真後ろにあれば弾丸はたくさん飛び込んでくる。それよりはずれた位置では、そんなにこない。くるべき弾丸も孔の縁ではねかえされてしまうからです。もっと離れた位置では曲線が消えてなくなってしまう。もう弾丸がこないのです。こんなわけでグラフは N_{12} のようになります。これは二つの孔が両方とも開いている場合です。一時間当りの飛来数も N_{12} でよぶことにしましょう。これは孔一号および孔二号を通ってきた弾丸の数という意味であります。

念のために申しますが、グラフに示した数はかたまり的ではない。どんな大きさにもなりうるのであります。弾丸はかたまりとして飛来するのにもかかわらず、グラフに示した数は二つ半なんていうのもある。それでよいのです。一時間に二つ半という意味は、もし一〇時間のあいだ実験したら二五個の弾丸がくるということ。そうすれば平均として一時間当り二個半になるわけです。アメリカ合衆国の平均的の家族は二人半の子供があるという。この冗談はご存知でしょう。ところが、どんな家を捜しても半分子供なんておりません。これはそういう意味ではない。子供はかたまりです。それにもかかわらず一家族当りの平均にすれば、それはどんな半端の数にでもなりうる。これと同じことで、N_{12} は一時間当り箱に飛び込む弾丸の数の平均なのだから、整数である必要はないわけです。ここで測定しているのは飛来確率であります。飛来確率というのは、ある与えられた時間のあいだに飛来する数の平均を表わす術語です。

さて、グラフ N_{12} をよく見ると、それが二つのグラフの合成としてみごとに解釈できることがわかります。一つは孔二号を装甲板でふさいでしまったときの飛来数を表わすグラフ。これを N_1 とよぶことにしましょう。もう一つは孔一号をふさいだときの飛来数を表わすものでこれを N_2 とします。重要な法則が見つかったのです。両方の孔が開いているときの飛来数は、孔一号を通ってくる数と孔二号を通ってくる数の和になっている。つまり足し算をすればよい。このことを「干渉なし」と言い表わすことにします。式で書けば、

$$N_{12} = N_1 + N_2 \qquad \text{(干渉なし)}$$

これは弾丸を用いた実験の場合であります。その話はここでおしまいにして、今度は水面の波を用いて実験をやり直してみましょう。第29図をごらんください。機関銃で弾丸をうつ代りに、何か大きな物体を水面で上下にゆり動かして波を起こします。装甲板のかわりには船を浮かべるか突堤をつくるかして、とにかく間に小さなすきまを作るのです。そう、海の大波を相手にするより、水槽のさざ波を考えたほうがよさそうです。よっぽど気がきいていますな。波をつくるのには指をつっこんで上下に動かせばよい。それが0点。

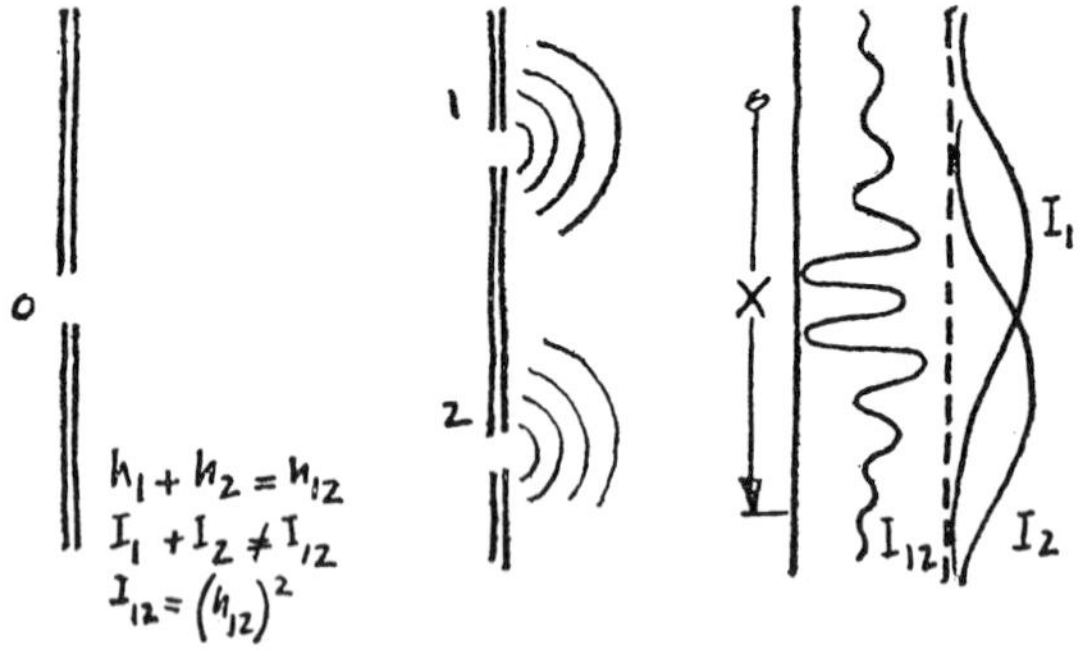

第 29 図

波の源です。障壁は木片で作ります。孔をあけて波が通れるようにしておくのです。さて、もう一つの障壁には孔を二つあける。その後ろに検出器をおきます。検出器で何をするのかと申しますと、これで水面のゆれを見るのであります。たとえばコルクの小片を浮かべて、その上下運動を見る。正確にいえば、コルクがゆすぶられて動くエネルギーを測るのでして、これは水面の波が運んでくるエネルギーに正しく比例するものです。さて、もう一言。指をゆり動かして波をつくるときには、規則正しいくり返しを心がけ、波の間隔がつねに等しいようにします。

水面の波について重要なことは、私たちの測定しようとしている量がどんな大きさにもなりうるということです。測定するのは波の強度、あるいはコルクのエネルギーですが、波が静かなとき、指をちょっとしか動かさないときには、コルクはほとんど動きません。コルクのエネルギーは非常に小さい。だから波の強度も小さい。お互いどんなに小さくても比例関係にあることは変わらないわけです。波の強度は勝手な大きさになれる。かたまりになっているわけではないのですから、弾丸の場合とちがって有か無かの二者択一は成り立たない。

波の強度を私たちは測定する。正しく言えば、ある場所に波が運びこむエネルギーを測定するのであります。波の強度を I としましょう。さっきとちがった字を使うのは測るのが粒子の数ではなくて波の強度であることをはっきりさせるためです。その強度を測ったらどんな結果になるでしょう？　二つの孔が開いているときのグラフ I_{12} が第29図に示してあります。おもしろい形の複雑な曲線です。検出器をいろんな場所において強度を測ると、こんなふうに奇妙きてれつな、変化の激しい曲線が得られる。その理由は、皆さんおそらくご存知でしょう。検出器のところにくる波には山と谷がありますが、それは孔一号から広がってきたものと、孔二号から広がってきたものとが重なってできるのです。二つの孔のちょうど中間の位置では、二つの波がまさしく同時に到達しますから、山と山が重なり合って大きなゆれを生ずる。真中ではゆれが大きいのです。ところが、検出器を移動して孔二号までの距離が孔一号までのより大きいようなある点にもってきますと、波が孔二号からやってくるには孔一号からくるより余分の時間がかかる。孔一号から波の山が到着したとき、孔二号からの山はまだ着かない。やっと谷が到着したところです。山と谷を同時に受けてその点の水面は上がろうとする一方で下がろうとする。差引きはゼロです。だから動きません。まあほとんど動かないといったほうがよい場所もあるでしょう。水面の高まりはごくわずかだということになります。さて、検出器をもっと移動させますと、おくれが十分に大きくなって二つの孔からの山が同時に到着する場所にきます。つまり、一方の山がちょうど一波長分だけ遅れてくるために山と山が重なる。そこではゆれが大きいのです。検出器を動かしていくと、ゆれが大きくなって、小さくなって、大きくなって、小さくなって……、二つの波の山と谷が「干渉」する仕方に応じてゆれの大きさが変わっていくわけなのです。干渉という言葉がまた出てきました。科学では干渉という言葉をこんなへんてこな意味に使うのです。強め合いの干渉といえば、山と山が重なり合って波の強度が増すことです。ここで重要なのはI_{12}がI_1とI_2の和ではないという事実で、これを私どもは強め合いや弱め合いの干渉が起こっていると言い表わすのであります。I_1とかI_2とかいうのは何かと申しますと、I_1は孔二号をふさいで観測をした場合の強度、I_2は孔一号をふさいだ場合の強度のことです。一方の孔をふさいだ場合の強度というのは簡単でして、波は一つの孔からくる。だから干渉はありません。そのグラフも第29図に示しておきました。ただちにお気づきと思いますが、I_1は前のN_1と同じ形をしており、I_2は

N_2と同じです。それなのにI_{12}はN_{12}とぜんぜんちがう。

そこがおもしろいのです。曲線I_{12}の背後にはつぎのような数理があります。両方の孔が開いているときの水面の高さ、それをhということにしますが、hは孔一号だけが開いているときに得られる水面の高さh_1と、孔二号だけが開いているときの高さh_2の和に等しい。それで、もし孔二号から波の谷がくれば、その高さは負ですから、孔一号からくる山を打ち消すことになります。高さを使えば加え算がきくわけです。ところが、波の強度は、波の高さと意味がちがう。二つの孔が開いているにせよ、何にせよ、どんな場合にも強度は波高と同じでない。波の強度は波高の二乗に比例するものであります。二乗したものを見るものだから、I_{12}の曲線がおもしろい形になるわけなのです。つまり、波の算術はつぎのようなものであります。

$$h_{12} = h_1 + h_2$$

のように波高については加え算がきく。一方、波の強度については加え算が成り立ちません。つまり

$$I_{12} \neq I_1 + I_2 \qquad \text{（干渉あり）}$$

それは

$$I_{12} = (h_{12})^2 = (h_1 + h_2)^2$$

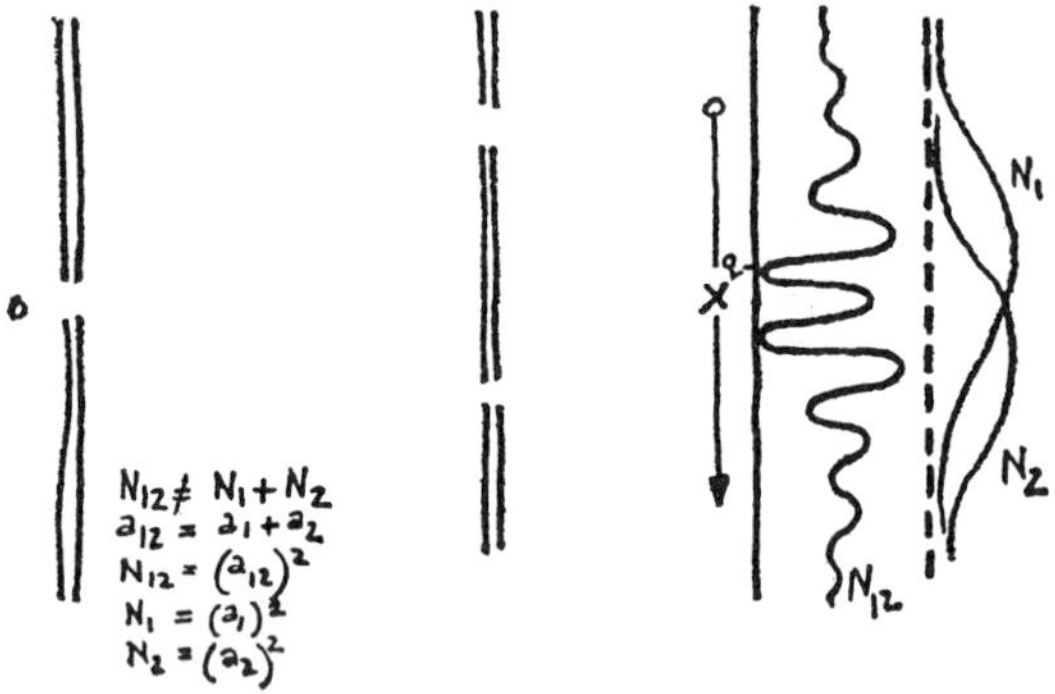

第 30 図

$$I_1 = (h_1)^2$$
$$I_2 = (h_2)^2$$

というわけで、強度が波高の二乗で与えられるものだからであります。

いまお話したのは水面の波の場合でした。さていよいよ電子の登場です。第30図をごらんください。電子を出す源になるのは熱せられた細い針金です。それがO、障壁はタングステンの板で、例によって孔があいています。検出器としては何か電気的の仕掛けをして、電子のエネルギーが低くても一個一個の電子に感ずるよう十分に敏感なものとします。もし光子で実験をしたいとおっしゃるなら、それも結構、タングステン板の代りに黒い紙を使いましょうか。しかし紙だとつい毛羽だってすっきりきれいな孔ができない。おそらく何か別の物を捜さねばならないでしょう。検出器には光電子増倍管を使えばよい。これなら、やってくる光子を一個一個検出できます。さて、これらの実験の結果は如何？　電子の場合についてお話をしましょう。光子だって同じことだからです。

まず、検出器が何をとらえるかと申しますと、十分に強力な増幅器がつないであるとしての話ですが、カチッカチッという音がする。検出器がとらえるのは「かたまり」なのです。カチッという音はいつも定まった大きさです。電子の源を弱めればカチッ、カチッの間隔はひろがりますが、一つ一つの音の大きさは変わりません。源を強めたら間隔がせばまって、ガーガーという騒がしさ。そうならないように電子源は適当に弱くしておく必要があります。つぎに、もう一つの検出器を別の場所においてみましょう。このとき二つの検出器が同時に鳴ることはありません。電子源が十分に弱く、また検出器は電子がきた瞬間だけカチッと鋭い音を出して、引き続く二つの音がはっきり聞き分けられるとしての話ですが、そうすれば別々に置いた検出器が同時に鳴ることは絶対にない。電子源をうんと弱くするのが早道です。そうして電子がまばらにしかこないようにしてやれば、二つの検出器が同時に鳴ることはない。これは、源からくるものがかたまりになっていることを示します。それは一定の大きさをもっていて、一つの場所にくる。同時に二つの場所にくることはない。よろしい。電子や光子はかたまりとしてくるという結論です。それならば前に考えた弾丸と同じに扱えばよいわけでして、飛来確率を問題にすることができるはずであります。つまり、検出器をいろんな場所にもっていって、それぞれの場所で一時間なら一時間のあいだの飛来数を数えて平均をとります。お望みなら、検出器をたくさん用意してあちこちにばらまいてもよいのですが、それにはたいへんな費用がかかりましょう。さて、あちこちの場所で飛来数を測った結果はどうなるでしょう？　弾丸の場合と似たようなN_{12}が得られるとお思いですか？　実験の結果を第30図に示しました。これは二つの孔が両方とも開いている場合ですが、このグラフは、「波」が干渉をする場合と同じになっています。意外な結果ですけれども、これが現実なのです。自然がこのような曲線を作るのです。波のエネルギーならわかります。しかし、今のこの曲線はかたまりの飛来確率を表わすものなのです。

算術は単純であります。以前のIをただNと読みかえればよい。そうしたら、しかし、hも読みかえなければなりません。いまhを「a」と読みかえることにしますが、これは何かの高さを表わすわけではない。ぜんぜん新しいものです。なんだかわかりませんから、仕方がない、確率振幅とよんでおくことにしましょう。a_1が孔一号からくる確率振幅で、a_2が孔二号からくる確率振幅です。両方の孔が開いているときには確率振幅はa_1とa_2との和になります。その和の二乗をつくって飛来確率とするわけであります。つまりは波の算術をそのまま真似したのですが、それは波の干渉の場合と同じグラフを得たいからにほかなりません。

干渉ということについて、一つだけ確かめておくべきことがあります。まだ、一方の孔をふさいだ場合のことをお話してないからです。検出器に飛び込む電子は、こちら側の孔を通ってきたか、そうでなければあちらの孔を通ってきたかのどちらかだとして、第30図のおかしなグラフN_{12}を考えてみましょう。まず一方の孔をふさいで、孔一号だけのときの飛来数を測ってみますと、ごく単純な形のグラフN_1が得られます。孔二号だけのときにはグラフN_2が得られます。しかし、両方の孔を開いたときのグラフはN_1+N_2には一致しない。干渉が起こって、ひどくちがったグラフが生まれるのです。飛来確率は、二つの振幅を加えて二乗したものだというこの珍妙な公式

$$N_{12} = (a_1 + a_2)^2$$

で与えられる。不思議なことです。孔一号を通ってきた電子は第30図のグラフN_1のように分布する。孔二号を通ってきたものはN_2のように分布する。それなのに、両方の孔を開いたときの分布が和N_1+N_2にならない。早い話、検出器をq点においたとしますと、両方の孔を開いた場合には、電子はひとつもやってこない。一方の孔をふさげばたくさんきます。反対の孔をふさいだ場合でもいくらかの電子はくるのです。どうしたわけでしょ

弾　　丸	水面の波	電子(または光子)
一定のかたまり	どんなサイズでもある	一定のかたまり
到達の確率を測定	波の強度を測定	到達の確率を測定
$N_{12}=N_1+N_2$	$I_{12}\neq I_1+I_2$	$N_{12}\neq N_1+N_2$
干渉なし	干渉あり	干渉あり

第 31 図

うか。両方の孔を開くと電子がこない。どちらでも通れるようにしてやったのに、かえって電子はこなくなってしまうのです。つぎに二つの孔の中央にあたる点に検出器を置いてみれば、孔が一つずつ開いている場合の和よりも、飛来数が多くなります。電子というやつは、こっちの孔から出たらまたあっちの孔を入って向う側にもどるとかなんとか、行ったり来たり何やら複雑な行動をするのかな？——頭の回転の速い方ならこんなふうにお考えかもしれません。それとも、電子は空中分解して二つの孔を同時に通り抜けるのかな？　どうもこれはむずかしいのです。満足のいく説明はまだだれにもできません。なにしろ算術は結果的にはあっさり簡単なのです。グラフはあまりにも単純です(第30図)。

そこで、私の結論はこうなります。これ以外にいいようがありません。電子はかたまりとして検出される——つまり粒子のようにです。一方、このかたまりの飛来確率は波の強度と同じように計算される。この意味において、電子は粒子のようでもあり、また波のようでもあるといわれるのです。電子は同時に二つの顔をもっています（第31図）。

お話すべきことはこれでおしまいです。電子の飛来確率の一般的の計算法をお話して講義のしめくくりにしてもよいわけです。しかし、自然がこのような奇妙な振舞いを示すについては、謎めいたことがたくさんある。風変わりで独特なことです。そのお話をしておきましょう。今までのことから自明といってすますわけにもいきません。

謎めいた話と申しましたが、まず、検出されるものがかたまりであることから考えてごく当然と思われる一つの命題から議論をはじめましょう。やってくる物がかたまりになっているのですから、いまの場合それは電子ですが、その電子は孔一号を通り抜けてくるか、さもなければ孔二号を通ってくる――そのどちらかであると仮定するのはしごくもっともらしい。一つのかたまりなのですから、それ以外の通り方はないでしょう。この命題をいまから議論しますので、これに名前をつけておくのが便利であります。命題Aとしましょう。

命題A　電子は孔一号を通ってくるか、または孔二号を通ってくるかのどちらかである。

この命題Aについて、すでに若干の考察はいたしました。もしこの命題が正しくて、電子は孔一号を通るか孔二号を通るかのどちらかだとしたら、飛来する電子の総数は二つに分解できるはずであります。孔一号を通ってきた数と孔二号を通ってきた数とを加えた和が総数を与えるべきです。ところが実験から得られるグラフは、そんな具合にうまく分解できません。また、一方の孔だけを開いておく実験をして、それぞれの孔を通ってくる電子の数を求めたつもりでいても、その和が両方の孔を開いたときの飛来数になるというわけでもない。そこで、命題Aは誤りであると結論しなければなりません。これは明らかであります。電子は孔一号を通るか孔二号を通るかのどちらかであるというのが誤りならば、電子は一時的に二つに割れるとか何かなのでしょうが、それはともかく、命題Aは誤りであるという結論です。これが論理的の帰結なのであります。幸か不幸か、この論理を直接に実験で試してみることができます。電子は孔一号を通るか孔二号を通るかのどちらかであるという命題が正しいか否か、あるいは電子が一時的に空中分解をして二つの孔を同時に通るのであるか——これを直接に見てやるわけです。

要するに、電子の行動を監視するのです。それには光が必要であります。二つの孔の後ろ側にうんと強烈な光源をおきましょう。光は電子によって散乱される。つまり反射されるのですから、光が十分に強ければ電子の通過がピカッと光って見えるはずです。目をこらして見つめるのです。検出器が電子をとらえる瞬間、いやその少し前に、孔一号の後ろか孔二号の後ろがピカッと光らないか、どうか？　それとも、両方の孔の後ろに、いわば半ピカの光が見えるか？　電子がどんな具合に孔を通り抜けるか、これで見届けようというわけです。光を強めて目をこらす。これは意外！　検出器がカチッと鳴るたびに、孔一号の後ろが光るか、孔二号の後ろが光る。そのどちらかなのです。電子は孔一号を通るか、孔二号を通るかであって、それ以外のことはけっして起こらない。私どもが見たかぎりでは、絶対にないのです。これはパラドックスです。私たちの論理はくつがえされてしまいました。

よろしい。一策を案じて自然を窮地に追い込んでやりましょう。それはこうするのです。光をつけっぱなしにして、電子が孔を通過するのを監視する一方、検出器のとらえる数も数えてやる。ただし、孔一号を通ってきた数と、孔二号を通ってきた数を別々に記録するのです。さて検出器をあちこち移動して計数をしたら、孔一号を通ってきた電子の数はどういう分布を示すでしょうか？　それは第30図のグラフ N_1 のようになる。孔二号をふさいだとした場合(このとき監視のあるなしは関係ない)と同じ分布になるわけです。孔二号をふさぐと、孔一号のところで監視をして、ここを通った電子だけ選び出したのと同じ分布になるといってもよい。孔二号を通った電子だけを記録して得る分布についても同じことで、この場合はグラフ N_2 になります。さて検出器に飛び込む電子の総数は、N_1 と N_2 の和に等しい。検出器が鳴るたびに、N_1 の数に入れるか N_2 に入れるか分けてきたのだからであります。飛来する電子の総数は N_1+N_2 という形に分布するのです。でも前にはその分布がN_{12}のようになると申しました。今はそれがN_1+N_2です。まちがいありません。そうなるべきだし、事実そうなっています。光を当てた場合の実験結果にはダッシュをつけて区別をすることにいたしますと、N'_1は光を当てない場合のN_1とまあ同じ。N'_2はN_2とほとんど同じです。ところがN'_{12}、すなわち光を当てる、孔は両方とも開くという状況で得られる分布は、孔一号だけの分布と孔二号だけの分布との和に等しい。これは光を当てた場合の結果です。光を当てるか否かで結果がちがうわけであります。光をつければ分布はN_1+N_2。光を消せばN_{12}。またつければN_1+N_2。論理的しめつけで自然を窮地に追いつめてやろうと思ったのでしたが、ごらんのとおりするりと逃げられてしまいました。光を当てたから結果が変わってしまったのだということもできましょう。光を当てると当てないとでは異なった結果がでるのです。光が電子の振舞いを変えたといってもよさそうです。電子の運動ということでみれば、この実験は確実さにおいて欠けるところがあるわけですけれども、ともかく光が電子の運動に影響したことはいえます。本来なら山のところにくるはずだった電子が、光に蹴とばされてそれた結果かえって谷にきてしまったというようにして、でこぼこのグラフN_{12}がならされ、単純なN_1+N_2ができるのです。

電子というのはデリケートなやつです。野球のボールだったら、光を当てたからといって運動が変わることはありません。ボールは何くわぬ顔で飛び続けます。ところが電子に光を当てると光は電子をひょいとたたく。それでもう電子の振舞いはまるっきり異なってしまうのです。光が強すぎたのでしょうか？　光をどんどん弱くしたものとします。かすかな光。検出器はうんと鋭敏なものを用意してかすかな光で実験をしましょう。光がかすかになればなるほど、その弱い光が電子に影響してグラフN_{12}を完全にN_1+N_2に変えるということは期待できなくなります。光が弱くなるのは、光のない場合に近づいてゆくことでしょう。そうだとしたら、グラフN_{12}はどんな具合にしてグラフN_1+N_2に変わってゆくのでしょうか？　しかし、考えてみると、光は水の波とはちがいます。光は粒子のような性質ももっており、そのために光子の名があるわけですが、光の強度を弱めるときに減少するのは光源から出る光子の数です。一つ一つの光子の効果が弱まるわけではない。光を弱くしていくと、光子の数がだんだん減っていくのです。電子を突き動かすには少なくとも一つの光子がいりますから、光子の数があんまり少ないと電子が光子のいないすきに通り過ぎてしまうことも起こるでしょう。この場合には電子の通過が見えないわけです。こういう次第ですから、光が弱くても突きとばしが小さいわけではなくて、ただその機会が減るだけなのです。光が非常に弱いときには、ですから、N_1とN_2のほかに第三の分類として「見えなかった」電子の数を数えなければなりません。光が非常に強かったら「見えなかった」電子の数は小さいでしょうけれど、光が非常に弱いときにはほとんどの電子がこの分類に入ることになります。ぜんぶで三つの分類となったわけです。孔一号を通ってきた電子、孔二号を通ってきた電子、それに見えなかった電子。どういう分布ができるかは、これでもう見当がつきます。「見えた」電子は、グラフN_1+N_2の形の分布を示す。「見えなかった」電子の分布はN_{12}の形です。光をだんだん弱くしていきますと、「見えた」数が減って、「見えなかった」割合が増加いたします。実際に得られる分布は、一般に二つの形がまざったものでして、光が弱くなるにつれてだんだんとN_{12}の形に近づいていくことになります。

電子がどちらの孔を通ったかを見る方法はたくさんあるでしょう。皆さんいろいろと思いつかれるにちがいない。それらを全部ここで議論するわけにはいきませんが、とにかく、うまいこと光を当てて、電子がどちらの孔を通ったかを知り、かつ電子の飛来確率の分布を乱さないようにしよう、つまり、干渉をこわさないようにしようとするのは不可能なことがわかります。光でなくて何かほかのものを使っても、同じことです。何を使っても、それは原理的に不可能なことなのであります。電子がどちらの孔を通ったか知る方法ならたくさんあります。やってみると、電子はこちらを通ったかそれともあちらか、そのどちらかしかないことがわかるでしょう。ところが、電子の運動をかき乱さないという条件を加えますと、とたんにどちらの孔を電子が通ったのかわからなくなって、再び複雑な干渉図形があらわれることになります。

ハイゼンベルク*は、量子力学の諸法則を発見したときすでに、私どもの実験の能力にはそれまで知られていなかったある限界があるのだと考えないかぎり、彼の新しい法則は矛盾に導くということに気づいておりました。つまり、実験はいくらでも精密にできるというものではない。こういって、ハイゼンベルクは不確定性原理というものを提唱しました。それはいまの実験に即していえばつぎのようになるでしょう(彼の表現はこれとはちがっていますが、結局は同等なものです。一方から他方を導き出すことができます)。すなわち「どちらの孔を電子が通ったかの決定ができ、かつ干渉図形をこわすほどの影響を電子に与えないですませるような実験装置は、どんなことをしても作れない。」そして今日までだれも抜け道を発見した人はいないのです。きっと皆さんは、電子の通った孔を決定する方法はあるといいたくてうずうずしていらっしゃることでしょう。しかし、どんな方法でも、よくよく調べてみますと何かしら問題が見つかるはずです。電子の運動を乱すことなしにそれができるという工夫をおもちかもしれませんが、必ず何か障害がある。干渉の図形がどうしても変わってしまうはずでありまして、その変化はどちらの孔を電子が通ったかを見る装置からの影響として説明できるものなのです。

＊ Werner Heisenberg, 一九〇一―一九七六、ドイツの物理学者。一九三二年にノーベル賞。

ハイゼンベルク『部分と全体──私の生涯の偉大な出会いと対話』山崎和夫訳、みすず書房、一九七四年。
ヘルマン『ハイゼンベルクの思想と生涯』山崎和夫・内藤道雄訳、講談社、一九七七年。

これは自然の基本的な特徴です。どんな現象にもあてはまります。明日、新しい粒子が発見されてK中間子と名づけられるとします。実際はK中間子はもう発見されているのですが、名前が必要ですからこれを使っておきます。このK中間子を電子と相互作用させることでもって、どちらの孔を電子が通るか調べよう──こう考えたとしても、この新粒子でうまい実験をする可能性のないことはあらかじめわかっている。電子の通った孔を検知し、かつ電子の運動をかき乱さない、電子の分布を干渉のある型から干渉のない型に変えることがないといった虫のよい実験は、あす発見される新粒子をもってしても不可能である。その程度には新粒子の振舞いについて予測ができるわけです。不確定性原理は、こんなふうに、未知のものの特性をあらかじめ見当づけるのに使えるのであります。これこれのことはありえないという見当がつけられるのです。

さて、命題Aにもどりましょう──「電子はどちらかの孔を通らなければならない。」これは正しいのでしょうか？　実はここに落し穴があるのです。物理学者はそれを避けて通る術を知っています。彼らはつぎのような規則に従って考えを運ぶのであります。どちらの孔を電子が通るか知らせてくれる仕掛けがついているときには(そのような仕掛けを作ることはつねに可能です)電子はこちらの孔を通るか、あちらの孔を通るか、そのどちらかであるとしてよろしい。事実そうなのです。電子はどちらか一方の孔を通る——監視をしているかぎりそうなるのであります。しかしながら、電子がどちらの孔を通るか決定する仕掛けがしてないときには、一方か他方かのいずれかひとつと言うことはできない(言うだけならどんな場合でもできます。ただし、ただちに思考を停止し、論理の展開を断念するという条件がつくのです。だから物理学者はそれを言わないことにします。思考を停止するよりはましだからというわけです)。見てもいないときに、一方の孔を通るか他方かのいずれかであると断定すると、予測に誤りを生じるのです。これは綱渡りめいた冷汗ものの論理ですが、自然を解釈しようとすれば渡らないわけにはいきません。

いまお話ししている命題は一般的なものです。二つ孔の実験にかぎったことではなくて、一般に通用する命題としてつぎのように言い表わすことができるのです。すなわち——理想的実験——すべての条件が可能なかぎり詳細に指定されている実験——においては、事象の確率はある量の二乗で与えられる。ある量というのは以前に「a」と書いて確率振幅とよんだもののことです。もし、ある事実が起こるのにいろんな道があるならば、それに対する確率振幅「a」は、それぞれの道に対する「a」の和であります。ところが、どの道が実際にとられたかを検知できる仕掛けの実験を行なうと、事象の確率は変わってしまい、それぞれの道に対する確率の和になります。つまり干渉がなくなってしまうのです。

そこで疑問に思われるでしょう。どんなわけがあってこんな奇妙なことになるのだろうか？ 裏にどんな仕掛けがあるのだろう？ それはだれも知りません。これまでに私がしたのより深い説明はだれにもできない。仕掛けを明かすことはできないのです。説明を広げることなら可能でしょう。もっとたくさんの例をあげて、電子がどちらの孔を通ったかの決定をしながら、しかも干渉をこわさないという実験の不可能なことを説明する。これはやさしい。でも、それは同じことのしつこい繰り返しにすぎません。二つ孔の実験とはちがった種類の実験を考えることもできましょう。でも、それは手を広げたというだけで、議論が深まったことにはなりません。数学をもっと精密にすることはできます。確率振幅というものは実数ではなく複素数であるとか、まあ細かい注意が二、三ありますけれども、それらは事の本質に関係ない。これまでお話してきた事柄は深い神秘につつまれております。突っこんだ深い説明はまだだれにもできないのが現状であります。

私たちは、これまで電子の飛来確率を問題にしてきました。そこで、ある電子が本当に飛来をするか否か決定的の予言はできないだろうかという問題が起こります。確率論を使うのが嫌だというのではありません。確率論は状況が複雑すぎて扱いかねるときに事象の起こりやすさを計算する手段でしょう。サイコロを投げ上げると、空気の抵抗がはたらく。サイコロの原子と空気の原子の衝突です。投げ上げの初期条件だって正確にはきめかねる。あれやこれや、状況は複雑であります。こんな場合には、決定的な予言をするには細部の情報が不足しているのですから、確率論のお世話になるのは結構であります。私どもは、ああなる確率はいくら、こうなる確率はいくらという計算をして満足いたします。しかしです。私たちはいま、現象の大もとがそもそも確率的であるという主張をしている。ちがいますか？　物理学の基本法則の中に確率が入りこんでいる。

いま、光を消しておけば干渉が現われるといった実験をしているとします。このとき、たとえ光を照射しておいても、電子がどちらの孔を通るであろうか予言はできないはずです。私はそう主張します。電子が通るところを見れば、それはこちらの孔かあちらの孔かそのたびごとにわかるわけです。しかし、電子がどちらの孔を通ることになるか前もって言いあてることはできません。つまり、未来を予言することは不可能なのです。あらかじめどんなに多量の情報を集めておこうと、そしてどんな工夫をしようとも、電子がどちらの孔を通るか、どちらの孔のところで発見されるかを予言することはできない。この意味では物理学はお手あげになったのです。物理学の本来のねらいが、現在の条件からしてつぎに何が起こるかを予言したい——そのための知識を得ようということであったとすれば

（だれでもそう思っていたわけです）、いまやお手あげであります。電子源の状況、強い光源、二つ孔のあいたタングステンの障壁。これがいまの条件だ。さあ言ってくれ、電子はどちらの孔の後ろで見つかるかを。どちらの孔のところで電子が見つかるはずか——その予言ができないのは、電子源に何か非常に複雑な仕掛けがかくれているためかもしれない。これが一つの考え方であります。電子源の中に目に見えない歯車やなにかがあって、電子がどっちの孔を通るか決定している。その仕掛けがあまりにも複雑だから、私どもの目には右の孔になるか左かは五分五分に見える。サイコロの場合と同じく無規則であるかのようにみえる。でも、実は物理学が不完全なのだ。物理学が完成した暁には、どっちの孔を電子が通るかちゃんと予言できるようになる。この考えは「隠れた変数の理論」とよばれております。しかし、この理論は正しくない。予言ができないのは、細部にわたる知識が不足しているためではありません。

前にも申しましたように、光を照射しなければ干渉図形が現われるのです。干渉が歴然と現われる場合に、それを電子が孔一号か孔二号のどちらかを通るとして分析することはできない相談です。干渉図形はそれ自身が単純明快なものでして、その算術も確率の加え算とはぜんぜんちがう。電子源の中に、歯車だかなんだか知りませんが、複雑な仕掛けがあって、そこを観測すれば電子が孔一号を通るか孔二号にいくかの決定ができるというのだったら、孔のところに光を照射しないでも電子がどちらの孔を通るかきめられるわけです。でも、これが本当なら、この実験から得られる電子の分布は、孔一号を通ったものと孔二号を通ったものとの和になってしかるべきです。ところが、実際はそうならない。だから、光を照射しておこうとおくまいと、電子がどっちの孔を通るかあらかじめ知ることはできない。干渉図形が現われるかぎり、その予言は可能であってはならないのであります。自然が確率的の振舞いをするのは、かくれた歯車とか複雑な奥の事情とかについて私どもが無知なためではない。何か非常に本質的なことのように思われます。こう言った人があります。「自然だって電子がどっちにいく気か知らないのだ。」*

* (訳注) つぎの本も読んでみるとよい。特に「光子の裁判」の章を!
朝永振一郎『量子力学と私』岩波文庫、一九九七年。

むかし、ある哲学者が「科学が存立しうるためには同一の条件がつねに同一の結果を生むことが必須の前提である」と述べました。ところが実際はそうなっていない。つねに条件が同一になるようにしたつもりの実験なのに、電子がどっちの孔にいくかの予言ができない。それにもかかわらず科学は進んでいくのであります。同一の条件がつねに同一の結果を生むわけではないのに、科学は成り立っています。何が起こるか予言ができないのは悲しいことです。そのためにたいへん危険なことも起こりうるのでして、未来は知らなければならない。しかし、それは不可能なのです。たとえば——といっても、こんなことはしないほうがよいのですが——光電池を仕掛けておいて電子を一個送ってやる。電子が孔一号のほうにいくと原爆が発射される仕掛けです。第三次世界大戦がはじまります。もし電子が孔二号のほうにいってくれたら平和交渉をして、しばらく開戦を遅らせる。人間の未来はどんな科学も予言できないことになります。未来は予言不可能です。

「科学の存立」には何が必要か、自然はどんな性格をもっているか。これらは人間がきめることではありません。これらは、私どもの研究対象、つまり自然そのものがきめるべきものです。私たちは観察をします。そして何がそこにあるかを知るのであります。これからどうなっていくかあらかじめ確実に言い当てることはできません。いちばん確からしいと思っていたことが実現しなかったという場合も多いのです。科学を発展させようと思えば、実験をするのに能力が、結果を報告するのに正直さが要求されます。——結果の報告は、何某がこれこれのことを欲したからなんてことに影響されてはなりません——そして最後に、これが重要なのですが、結果を解釈するのに知力がいります。知力についてだいじなポイントは、こうでなければならぬなどと初めからきめてかかるべきではないということです。偏見をもつのは結構です。「そんなことありそうもない。僕はそう思わない」というのはよろしい。偏見は絶対的の予断とはちがうからです。それは絶対的の偏見というものもあるでしょう。私の言うのは、あれとこれと重みのかけかたがちがうといった程度のこと。重みのかけかたの差なら害はありません。もしそれがまちがいなら、実験を重ねていくときあなたはつねに頭が痛い。いつかは実験に負けて偏見を正すことになるでしょう。実験に超然としていられるのは、科学というのはこうなければいけないといって絶対の確信をもって臨む人だけであります。科学の存立のために必須なのは、自然とはかくあるべきものだなんていう哲学めいた予断を認めない自由な精神なのです。

7　新しい法則を求めて

今回お話したいと思いますのは、厳格に言えば、物理法則とは何かということではありません。物理法則とは何かをお話しているかぎり、それは自然について語っていることになるはずでしょう。今回、私は自然について語るのではなくて、自然に向かう私どもの姿勢みたいなものをお話したいと思います。いま何がわかっているか、何を捜さなければならないか、そして、どのような推理によってそれを捜すのか、これをお話したい。ある人が耳打してくれたのですが、法則をどのようにして推測するのか、これをゆっくりと説明していき、とどのつまり新しい法則を一つ発見してみせる――そんな講義ができたらすばらしいじゃないかというのですけれど、さて、私にその力がありますかどうか。

はじめに現状をお話しましょう。物理でどんなことがわかっているか、それはもうお前がみんな話したではないか――皆さんこうおっしゃるかもしれない。たしかに、私はこれまでの講義で大原理はあらかたお話いたしました。しかし、原理というのは何か物についての原理であるはず。エネルギー保存の法則なら、なにものかがもっているエネルギーについて成り立つものです。量子力学の法則だって何か物があっての法則です。法則という法則をぜんぶ集めてきても自然が何からできているのかはわからない。そこで、もろもろの原理を具現している当の物質について、ちょっとお話しておくことにします。

まず材料です。まったくもって注目すべきことですが、材料はあまねく同じであります。星をつくっている材料は地球をつくっているものと同じである。星たちが発する光は、いわば指紋みたいのもので、それを見ると、星たちが地球上にあるのと同じ種類の原子をもっていることがわかるのです。同じ種類の原子が生物のなかにも無生物のなかにもある。蛙だって岩石と同じ材料からできている*のです。ただ原子の配列がちがうにすぎない。おかげで問題が簡単になります。原子あるのみです。それも同じ種類、いたるところそうなのであります。

＊（訳注）原文には、goup とある。辞書によれば「ねばねばした液体」。

どの原子も同じ一般的の構造をもっています。原子核があって、そのまわりを電子がとりまいている。こう考えてまいりますと、世界を構成しているいわば部分品のリストができます。よくわかっているものをあげれば第32図のようになります。

まず電子。これは原子の外側にある粒子です。つぎに原子核ですが、今日これは中性子と陽子という二種の粒子からできていると考えられています。星を眺めますと、そこに原

電　子	中性子
光　子	陽　子
グラヴィトン	
ニュートリノ	

＋反粒子たち

第 32 図

子がある。原子は光を出します。その光は、光子という粒子で記述されるのです。このシリーズのはじめに重力のお話をいたしました。重力にも一種の波動があるはずなので、もし量子論が正しいならば、その波動は粒子のようにも振舞うと考えられる。この粒子をグラヴィトンとよびます。それはどうもとおっしゃる方は、ただ重力としておいても結構です。私はまたベータ崩壊という現象についてもお話しました。中性子がひとりでに壊れて陽子、電子、ニュートリノができる。本当はこのとき反ニュートリノができるのですが、それとは別にニュートリノというのも存在します。そしてもちろん、表にあげたそれぞれの粒子に反粒子があって――というのはつまり粒子の種類をてっとりばやく倍増する方便です。しかし、倍増をしても話がこみいってくることはありません。

表に示しただけの粒子がありますと、低エネルギーの現象ならすべて説明できる。私どもに知れているかぎり宇宙全体、いたるところに起こる普通の現象は説明できるのです。ときとして非常に高エネルギーの粒子がやってきて何かをしでかすのですが、これは例外であります。私たちも実験室の中では特殊の現象を起こすことができます。こういう特別の場合を除外すれば、普通の現象は上記の粒子のしわざとして説明されるのです。たとえば生命それ自体も、原理的には原子の運動から理解できるはずだと考えられていますが、その原子は中性子、陽子、電子からできているのであります。急いで注釈を加えておかねばなりません。原理的には理解できると申しましたが、その意味は、すべてが解明されたときに振り返ってみたら、生命の理解のためには結局、物理として何ひとつ新しい発見はいらなかった、手持の原理だけで事がすんだという結果になっているだろうと思う——私たちはそう思っていますというのが、原理的には理解できるということの意味なのです。もう一つ例をあげましょう。星がエネルギーを放出する事実。星のエネルギー、太陽エネルギーはさきほどの粒子の間の核反応によって理解できると期待されています。要するに、原子の振舞いなら細かい点まで全部ふくめて上のような模型で正確に記述される。すくなくとも、今日までに知られている現象についてはそう断言できます。事実、このようにして説明できない現象、深い神秘につつまれている現象は、今日、私の知るかぎり一つもありません。

いつでもそうだったわけではないのです。例をあげれば超伝導という現象。これは金属が極低温において抵抗なしに電気を流すことですが、初めは、既知の法則だけからこれが出てくるものかどうかはっきりしませんでした。注意深く十分に考えぬいた結果、やっとのこと、私たちの現在の知識で完全に説明できることがわかったのです。世の中にはいろんな現象がありまして、精神感応術といったように今日の物理学では説明できないこともあります。しかし、精神感応はまだ確かめられていない。たしかに存在すると請合うわけにいきません。その存在が証明されたら、物理学は不完全だったということになるわけですから、事の正否は物理学者にとってたいへんに興味ある問題です。あれはうそだという実験はたくさんあります。占星術についても同様です。歯医者にいくのは何日がよいか、それに星が影響するとしたら——アメリカにはこの種の占いがあります——物理学はまちがっているという証明になる。素粒子の振舞いからして星からの影響が原理的には理解できるという、そんなからくりは考えられないからです。精神感応にせよ星占いにせよ物理学者が疑いの目で見るのは、このためであります。

催眠術となると、これはちょっとちがいまして、初めはこれもありえないと思われていたのですが、そのときは実相がわかっていなかった。どんなものかがよくわかってみると、何か正常な生理的の過程で起こされないでもあるまいと思われるようになりました。その生理は未知ですけれども、とにかく、特別に新しい種類の力は考えなくてすみそうです。

今日、原子核の外で起こる現象については、私ども、時間さえかければ、どんな量でも測定の精度が及ぶのと同じ正確さで計算できます。その意味において、理論は十分に精密かつ完全であるといえるでしょう。しかし、中性子と陽子の間の力——これで原子核ができるわけですが、この力はそんなに完全にわかっていない。よく理解されたとはいえません。十分の時間をあげる、計算機も使わせてあげるから炭素の原子核のエネルギー準位を正確に算出せよ——かりにこうおっしゃられても、それができるところまで中性子、陽子の間の力は現在よく理解されていないのです。知識が十分でありません。原子の外のほうをまわる電子についてなら、できます。時間と計算機があれば電子のエネルギー準位は正確に計算できる。しかし原子核では、できません。核力がまだよくわかっていないからです。

核力をもっとよく知るために、実験屋さんたちは非常に高いエネルギーの現象に進みました。中性子と陽子を非常に高いエネルギーで衝突させます。すると、いろんな不思議なことが起こる。それを研究すれば中性子、陽子の及ぼし合う力がもっとよく理解できるようになるだろう——こう希望したわけです。この実験がパンドラの箱をあけてしまいました！　中性子、陽子の間の力をよく調べたい——それが望みだったのに、激しい衝突をやらせてみたら、これは意外、この世界にはまだまだいろんな種類の粒子のあることが発見された。なんと四ダース以上の新粒子。ざくざく出てきた。種類が四ダース以上にも及ぶこの新粒子を、私たちは陽子、中性子と同列に並べることにしましょう*(第33図)。これらの粒子は陽子、中性子と強く相互作用をしますし、そのために陽子、中性子の力にもある

中性子	電子
陽子	光子
（このほかに4ダースもの種類がある）	グラヴィトン
	ニュートリノ
	ミュー粒子（ミューオン）
	ミュー・ニュートリノ

＋反粒子たち

第33図

関わりをもつのです。実は、核力に関係のない粒子も二、三出てまいりました。ミュー粒子、あるいはミューオンとよばれるもの、そしてこれと兄弟のニュートリノが出てきた。ついでに申しますが、ニュートリノには二種類ありまして**、一つは電子と兄弟、もう一つはミュー粒子と兄弟です。おどろいたことに、ミュー粒子とその兄弟分のニュートリノについては、今日の実験からわかるべき範囲の法則は全部すでに知られている。その法則は、要するにこうです。彼らの振舞いはまったく電子とその兄弟であるニュートリノの振舞いに同じである。ただミュー粒子の質量が電子の二〇七倍だけ大きいという点は例外です。この点だけを除けば、あとは二組が同じである。なかなかおもしろいことであります。それはともかく、粒子が四ダースもふえたのは驚異です。それぞれにまだ反粒子があるのだからたいへんです。いろいろの名前がついています。パイ中間子、K中間子、ラムダ、シグマ、……これはどうでもよろしい。四ダースもあるのだから、名前をあげたらきりがありません。しかし、これらの粒子の間に同族関係があるので、いくらか助かるわけです。本当をいえば、粒子とはいうものの、寿命の短いやつもあって、その存在が果たして証明されているのか

どうか論争が起こっています。でも、その話には立ち入らないでおきましょう。粒子の数は数百に達し、クォ

＊（訳注）その後の発展について、つぎの本を参照するとよい。粒子の数は数百に達し、クォークなどの結合状態として整理されている。
南部陽一郎『クォーク（第二版）――素粒子物理はどこまで進んだか』講談社ブルーバックス、一九九八年。

長島順清『ニュートリノの謎――素粒子と宇宙の構造をもとめて』サイエンス社、一九八二年。

＊＊（訳注）ニュートリノは、タウ粒子と兄弟のものが加わって三種類になった。
折戸周治「素粒子は三世代――LEP最初の成果」『科学』岩波書店、一九九〇年一月号。

「ニュートリノの世代数と宇宙論」『科学』一九九〇年二月号。


同族関係という考えを説明するのに、中性子と陽子の組を使うことにします。中性子と陽子はほとんど同じ質量をもっている。その差は一〇分の一パーセントくらいのものです。陽子の質量は電子の一、八三六倍、中性子は一、八三九倍であります。もっといちじるしいのは核力、つまり原子核の内部ではたらく強い力のことですが、陽子と陽子が及ぼし合う力が、陽子と中性子の力に等しい。そしてまた中性子と中性子の力にも等しいという事実であります。要するに、あの強い核力を比べても中性子と陽子の区別をつけることができ

ないのです。これは対称性の法則にほかなりません。中性子と陽子を取りかえてもなんにも変化がない。強い相互作用に関するかぎり、変化がないのであります。実際に中性子を陽子と取りかえたら、それはたいへんなちがいになります。陽子は電荷を持っているのに、中性子は持っていない。電気的の測定をすればただちに中性子と陽子の見分けがつけられるのです。取りかえがきくといっても、いまの対称性はいわゆる近似的の対称性でありまして、核力という強い相互作用についてだけは正しいけれども、自然の深い意味で正しいわけではない。電気まで考えたら対称でないからです。こんなのを部分的の対称性と申します。私たちは、この部分的の対称性でもってなんとかやりくりしていかなければなりません。

同族関係をさらに広げてみたら、中性子と陽子の取りかえの類はもっと広範囲の粒子に成り立つことがわかりました。でも精度は落ちるのです。中性子が陽子と取りかえられるといっても、それは近似的の話でした。電気の面では正しくないからです。もっと広範囲に取りかえがきくという場合には、その対称性はさらに貧弱であります。それでも部分的の対称性をたよりに粒子を族に分けていけば、足りない粒子の見当がつけられますから、新粒子の発見*になります。

* (訳注)その最もエキサイティングな例はオメガ・マイナスの発見であった。これについてたとえば、

山本祐晴「ブルックヘブンでの研究生活」『自然』中央公論社、一九六七年九月号を参照。

同族関係を調べておくという仕事は、自然の深い基本的の法則を発見する前の段階に準備としてよく行なわれるものです。科学史には重要な例がたくさんあります。メンデレーフ*による周期律表の発見がよい例でしょう。それは第一歩なのでした。周期律表の完全な説明はずっと後になってから可能になったので、それが原子構造論です。何年か後、原子核についても同様の系列化がマリア・メイヤー†とイェンセン††によってなされました。原子核の殻模型であります。物理学は、複雑きわまる対象を近似的の推測によって整理するという意味で、同じことを繰り返しているようです。

* Dmitrii Ivanovich Mendeleev, 一八三四—一九〇七、ロシアの化学者。

† Maria Mayer, 一九〇六—七二、ドイツ生まれのアメリカ物理学者、一九六三年にノーベル賞。一九六〇年よりカリフォルニア大学の物理の教授。

†† Hans Daniel Jensen, 一九〇七—七三、ドイツの物理学者、一九六三年にノーベル賞。

さて、粒子がこれだけありまして、それに加えて、前にずっとお話してきたいくつもの原理があります。対称性の原理、相対性原理、物は量子力学的に振舞うという原理。そしてこれを相対性原理と結びつけまして、すべての保存則は局所的でなければならないという原理。

これらの原理を全部いっしょにしますと、これは多すぎることがわかります。矛盾が生じてしまうのです。量子力学と相対性原理をいっしょにし、これにすべては局所的だという命題を加え、さらにいくつか暗々裡の前提を許すことにすると、矛盾が生ずるようになるのであります。いろんな量を計算すると、みんな無限大になってしまう。無限大では実験と合うはずがありません。暗々裡の仮定と申しましたが、あまりにも当然でちょっと疑えないという例をあげてみるとこんな命題があります。あらゆる可能性について確率を計算したとき、すなわち、これは五〇パーセントの確率で起こる、これは二五パーセントなどと計算したとき、総和が1になるということです。だれだって、あらゆる可能性を勘定に入れたら確率は一〇〇パーセントになると思うでしょう。これは当り前のように思われます。しかし、問題はつねに当り前の命題の中に隠されているものです。もう一つの例は、エネルギーはつねに正でなければいけない。負になれないという命題です。また、これはおそらく矛盾の原因ではないと思いますが、原因より先に結果が起こることはないという因果律の仮定もあります。実際のところ、確率についての命題を除いた模型をつくった人はおりません。因果性を無視した人もいない。因果性は量子力学、相対論、局所性などと両立するものです。というわけで、私どもの仮定のなかでどれが無限大を生み出す困り者なのか、とんと見当がつきません。やっかいな問題です。ところが、その無限大をひょいと敷物の下に掃き込んで隠してしまうことが可能である。ほめた手品ではありませんけれども、無限大は内緒にしてしまえることがわかりました。くりこみ理論と申します。当座の計算はこれで遂行できるわけです。

以上、これが現状であります。では、どうやって新しい法則を捜そうと思うか、これをつぎにお話いたしましょう。

一般にいって、私どもはつぎのような手順で新しい法則を捜すのです。初めに推測によってある仮説*をたてる。つぎに、それにもとづいて計算を行ない、その仮説からの帰結を調べます。つまり正しいと仮定した法則から何が出るかを見るのです。その計算の結果を自然、すなわち実験、経験につき合わせる。観測と直接に比較してうまく合うかどうかチェックいたします。もし実験と合わなければ、当の仮説はまちがいである。この単純きわまる宣言のなかに科学の鍵はあるのです。仮説がどんなに美しかろうと、それは問題ではありません。あなたが秀才かどうか、これはどうでもよい。だれが仮説をたてたか、名前はなんというのか、これも関係ない。もし実験に合わないならば、その仮説はまちがいなのです。これがすべてであります。もちろん、まちがいだといい切るためには若干の吟味は必要です。実験の報告が不正確だったということもありうるのですし、またちょっとゴミがついていたとか何か、実験のとき見落とされたことがなかったとはいえない。計算をした人がたとえ仮説をたてた当人であったとしても、解析のミスをしたかもしれません。これらはいわずもがなの注意であります。私が、実験と合わなければ仮説はまちがいだと言うのは、ですから、実験をよく再吟味し、計算を再吟味し、何度か反省をして、結論が、一方において確かに仮説から論理的に導かれることを見きわめ、また他方、注意深く吟味された実験に矛盾することを見きわめる――これだけの手続を前提してのことであります。

＊（訳注）原文には guess とある。この言葉が名詞や動詞として頻出する。仮説、推測、あて推量などの語をあてたけれど、guess の語感がうまく表わせたとは思わない。

このように申しますと、科学について誤った印象を与えそうです。つぎつぎと仮説をたてては実験と比べる――こういうのですから、実験を従とした感じです。実際は、実験屋さんにもわが道を行くの傾向がありまして、仮説なんかたっていなくても実験したがります。理論屋がまだ仮説をたてていないことが知れわたっている領域で実験がなされることはしばしばあります。たとえば、高エネルギーの実験です。私どもはたくさんの法則を知っておりますが、それらが高エネルギーの領域でも成り立つかどうかわかりません。成り立つというのは一つのもっともらしい仮説にすぎないのです。実験屋たちは高エネルギーでの実験を試みた。そして何回かのうち一回は、その実験が、難問を私どもにつきつけるのでありました。正しいと思いこんでいたものが、実はまちがいだったという発見です。

こんな具合に、実験は予期しなかった結果を生み出し、私どもに仮説のたて直しを要求します。予期しなかった結果といえば、その一例はミュー粒子とその兄弟分のニュートリノであります。これらの存在は発見されるまでだれひとり推理できなかった。*それればかりではありません。今日にいたってなお、これらの存在を自然に納得させるような考え方は提出されていないのです。

＊（訳注）発見とか推理とかの意味のとりかたによっては、この一節に抵抗を感じる向きもあるかもしれない。たとえば、湯川秀樹・坂田昌一・武谷三男著『素粒子の探究』勁草書房、一九六五年を参照。「二中間子論」という題目が目次に何度も出てくる。

さて、この方法によれば、明確に定式化された理論に対してならつねに反証を捜すことができます。明確な理論、すなわち本式の仮説があって、実験と比較できるような帰結を算出しうるのであれば、原理的には、これはつねに否定される可能性をもっている。明確な理論なら、これがまちがいであることを証明する可能性はつねにあるわけです。しかし、どうでしょう。これが正しいということは、けっして証明できないのであります。あなたがもっともらしい仮説を提出したとする。そして帰結を算出したら、どれも実験に合う。いくたび新しい試みをしても、つねに実験に合ったとしましょう。この仮説は正しいと言えるでしょうか？　それは言えません。その範囲でまちがっていないことがわかっただけなのです。将来もっと広範囲の帰結が算出されることもありましょう。実験がもっと広範囲に及ぶこともあるでしょう。そのときまちがいがみつかるかもしれないのであります。惑星の運動に関するニュートンの理論があんなに長生きしたのはこのためです。彼は万有引力の仮説をたて、惑星系についていろんな帰結を引き出した。実験と比較した――。そして、それから何百年たった後に初めて、水星の運動に関してわずかのくいちがいのあることがわかったのでした。この何百年かの間、理論がまちがっているという証明はなかったわけで、暫定的に正しいものとされてきた。正しいという証明はけっしてできなかったのです。正しいと思っていたことでも、明日の実験でまちがいが証明されるかもしれない。確実に正しいと言い切れる日はこないのであって、確実にいえるのは、これこれの理論がまちがいだということだけです。それにしても、あんなにも長生きをする理論がどうして作れるのか、これは考えてみる価値があります。

科学をストップさせてやろうと思えば、法則のよくわかっている領域のなかでだけ実験したらよい。ところが、実験屋たちときたら、勤勉に、それこそ努力のかぎりをつくして、私どもの理論のまちがいが証明できそうなところを捜しては実験するのです。つまり、私たち物理学者は自分のまちがいを一日も早く証明しようとして努力していることになる。進歩をするにはそれしか方法がないからです。今日では、普通の低エネルギー現象には難題の出てきそうな場所がみつかりません。すべてうまくいっているようです。だから、核反応でも超伝導でも難題捜しの特別に大きい計画はなくなってしまいました。断わっておきますが、この講演で私が問題にしているのは基礎法則の発見ということです。物理学全体としては、超伝導や核反応を基礎法則に照らしてよりよく理解しようという努力も含むわけで、それはそれでおもしろいことですけれど、この場合は理解といってもちょっと別のレベルに属します。私がいまお話していますのは、難題の発見、基礎法則のまちがいを発見することなのです。低エネルギー現象ではどこを捜せばよいかわかりません。今日、新しい法則をみつけるための実験は、だから、高エネルギーに向かうのであります。

もう一つ申し上げておきたいのですが、あいまいな理論はまちがいの証明ができない。たとえば、仮説の表現がたよりなく、どうも漠然としている。帰結を引き出すやり方も分明でない。そしていうことがこうだ。「これこれの次第だから、すっかり正しいと思うんだ。こうやってみると、まあだいたいはこうなってああなる。こいつの作用だって説明らしいものはまあできるし、……。」どうです？　結構な理論でしょう。これではまちがいを証明しようがありません。このうえ、数値計算がうやむやだったら、ちょっとの工夫でどんな実験にも似せることができます。こんな話はご存知でしょうか。A氏が母親を嫌うというのです。その理由は、いうまでもなく、小さいときに可愛がってくれなかったからである。ところが、よくよく調べてみますと、母親は十二分に彼を愛していた。その点、何も問題がなかったということがわかりました。してみると、子供のときあまり甘やかしすぎたのがいけなかったのだ。こんな具合に、あいまいな理論からはどちらの結論も出すことができます。では、どうすればよいか。どれだけの可愛がりようなら不十分なのか、どこまでいくと可愛がりすぎなのか、これをあらかじめ明確にしておくことができたら、理論はちゃんと一人前になったでしょう。テストにかけることができたはずです。このことを指摘すると、よくこう言われます。「心理的の問題では精密な定義はできないものさ。」そうでしょう。でも精密な定義がなかったらそれについて何かを知っているとは言えないのです。

同じような話が物理にもあると聞いたら、皆さん、けしからんと思うことでしょう。例の近似的の対称性ですが、こんな議論に使うのです。この対称性は近似的なものですが、かりに完全だとしたら何が導かれるかを計算します。もちろん——対称性はしょせん、近似的にしか成り立っていない。計算の結果が実験に合えば万歳です。あまりよく合わなかったら「おやおや、この量にかぎって対称性の破れに敏感だわい。」お笑いになるかもしれません。しかし、私たちはこのようにしてでも前進しなければならない。新しい問題に取り組むとき、素粒子がぞろぞろ出てきたのも新しい事態なのですが、多少のずるをすること、結果を「手探り」で見当づけることは科学の始まりとみなければなりません。これは物理における対称性の命題についても言えれば、心理学についても言える。ですから、どうかあまりお笑いにならないでください。手探りですから、この初めの段階ではよほど注意深くする必要があります。理論があいまいだから、いつ落し穴に落ちるかわかりません。まちがいになかなか気づきにくい。目隠しされての綱渡り。足を踏みはずさないためには、腕と経験が必要です。

　推理をして仮説をたてる。帰結を算出する。実験と比較する。いろんな段階でつまずいて、行き悩みになることがあります。どうもよい考えが浮かばないで、仮説をたてる段階でまいってしまう。あるいは、計算の段階でいきづまる。たとえば、湯川*は一九三四年に核力についてある仮説をたてました。しかし、計算があまりにもむずかしくてだれも結論が出せなかった**。仮説はずっと命を保ってきましたが、やがて湯川も想像しなかった多くの種類の素粒子が発見された。話は湯川が思ったほど単純ではなかったのであります。また、実験の段階にきていきづまることもある。よい例は重力の量子論です。進歩をしているとしても、これはまた非常にのろい。手の届く実験で量子力学と重力とに同時に関係するものが一つもないためです。重力は電気力に比べてあまりにも弱すぎるのであります。

　前にも申しましたが、仮説がどこから出てきたかは問題でありません。実験に合うこと、明確に述べられていることが重要なのです。「それなら簡単だ。」こうおっしゃる方があるかもしれません。

「大きな計算機をつくり、中にでたらめに回る車を仕掛けて仮説をつぎつぎに乱造させる。自然はいかに振舞うべきか。仮説が一つできるごとにその帰結をすばやく計算させて、これをあらかじめ記憶させておいた実験結果に比較させるようにすればよい。」つまり、仮説をたてるなんて人でなしのすることだとおっしゃるわけでしょう。本当はその正反対であります。なぜそうなのか説明しましょう。

＊ 湯川秀樹、一九〇七—一九八一、日本の物理学者。京都大学基礎物理学研究所所長をつとめた。一九四九年にノーベル賞。

＊＊（訳注）しかし、武谷三男『現代の理論的諸問題』岩波書店、一九六八年、三九五ページ以下も参照。

どこからスタートするかがまず問題です。「そうかな。ぼくなら既知の諸原理から出発する。」よろしい。しかし、既知の原理は互いに相いれないところがある。何かを除いておかなければなりません。よく手紙でいってくるのですが、仮説のなかに空席を設けておくべきだと主張する人があります。新しい仮説がもちこめるように空席を用意しておく。たとえばこうです。「あなたがたはいつも空間は連続だとおっしゃいます。しかし、極微の世界にいっても二点の間がぎっしり点で埋まっているという保証がありますか。点々が小さな間隔で並んでいるのでないと言えますか。」あるいはまた、こういってくる。「あなたが話してくださった量子力学的の振幅というのは、なんだか面倒な不条理なものですね。なぜあんなものが正しいとお思いなのですか？　おそらく、あれは正しくないのですよ。」こうした意見は、当の問題を研究している人々にはよくわかります。明快です。けれども、これを指摘されても役に立ちません。問題は、何がまちがっていそうかということだけではない。それをやめたら代りをどうするかというところにもあるわけです。空間の連続性の場合ならば、命題を明確にして、空間は点々の列からできている、点と点の間はなんの意味ももたぬ、そして点々は立方体を積んだように並んでいる――ここまでいっていただけば、そのまちがいなことはただちに証明できます。これではうまくいきません。ともかく、何がまちがっていそうかということだけが問題なのではないのでして、何か代りを提案することが重要です――そして、これが容易でない。代りの新しいアイディアが本当に明確にされていれば、たいていはほとんどその場で、うまくいかないことがわかってしまうからであります。

むずかしさの第二は、こうした単純な命題ですと、無限の可能性があるということです。こんなたとえはどうでしょう。一生懸命に何かをしている人がいます。この人はもう長いこと金庫をあけようとあれこれ試みているのです。そこへ次郎がやってくる。「10・20・30という組合せを試してみちゃどうだい?」彼はいそがしいのです。もういろんなことをやってみた後ですから、10・20・30の組はもう試してあるかもしれません。真中の数が20でなくて32であることを彼は知っているかもしれない。いや、本当は五桁の数だとわかっているかな。こういうわけです。私のところにも、ですから、何をどうしたらという類の手紙をよこさないでください。いただいたお手紙は読みます。わざわざ示唆してくださった可能性に私がまだ気づいたことのないのを確かめるために、いつも読むことにしています。でも、返事を書くのは時間がかかってやりきれない。たいていの手紙が10・20・30を試してみてはという類だからです。自然の女神の想像力は、これまで常にそうであったように、私たち自身の想像力をはるかに越えています。あれだけ精妙な深い秘密を見破るのは、容易でありません。機械でもって盲滅法に仮説をたててみてもむだであります。

それでは、自然の法則を推理する術をつぎに考えてみたいと思います。それは芸術といってもよいものです。どのように考えを進めたらよいかを知るのには、歴史をたずねて先人がどんな手を用いたか見るのも一法でありましょう。そこで、歴史を調べることにいたします。

まずニュートンです。あの時代には知識がまだ不十分でありましたが、彼は実験にかなり密接したいろんなアイディアを結び合わせることによって、法則を探り当てた。観測と仮説の検証との距離はたいして大きくなかったということがあります。とにかく、これが第一の方法ですが、今日ではあまり有効でありません。

偉大な仕事をしたつぎの人はマクスウェルで、電気と磁気の法則を発見しました。彼のやり方は、つぎのようなものでした。彼より先にファラデーやその他の人々が発見していた電磁気の諸法則をまず並べてみた。よくよく見ると数学的につじつまが合わない。それを直すのに彼はある方程式に一つ余分の項を加えたのです。渦柱や遊び車が空間を埋めているという模型を自分で考え出し、それをいじっているうちにこの余分の項を思いついた。つまり彼は新しい法則を見出したわけですが、だれも注意をはらいませんでした。渦柱、遊び車なんて信じる人はいなかったからです。私たちも今日それを信じません。しかし、彼の見出した方程式は正しかった。論理は誤りでも答は正しいということがあるわけです。

相対性理論の場合には、発見のされ方が完全にちがっておりました。パラドックスがたくさんにたまっていた。既知の諸法則がつじつまの合わない答を与えていたのです。そしてこの場合、考え方も新しいものだったのでありまして、諸法則がもつ対称性が議論されました。ここで一歩を踏み出すのは非常にむずかしかったのです。なにしろ、ニュートンの法則のようにあんなにも長い間、正しいと思われていたものが、遂にくずれた。こんな経験は初めてだったからであります。また、先験的とさえ思われた時間・空間の概念がまちがいでありえたということも、ただちには受け入れがたかったのであります。

量子力学は二つの独立な仕方で発見されました。これは一つの教訓になります。こんども、いや前にもましてというべきでしょうが、実験によってものすごい数のパラドックスが発見されました。既知の法則からはどんなことをしても絶対に説明できない現象がたくさんに発見されたのです。知識は不完全だったのではありません。完全すぎたのです。これはこうなるはずと予言ができる。しかし、実際はそうならなかった。さきほど申しました二つの道のうち、一つはシュレーディンガーによるもので、彼は方程式を発見しました。もう一つはハイゼンベルクによるもので、彼は測定可能な量だけを解析すべきだと主張いたしました。これら二つの哲学的の方法が結局は同一の発見に導いたのです。

もっと最近の例としては以前にお話した弱い相互作用による崩壊の法則の発見があります。中性子が崩壊して陽子、電子、反ニュートリノになる現象で、これはまだ部分的にしかわかっておりませんけれども、その法則の発見はまたちがった様相を示しています。こんどは知識が不完全だったという場合で、方程式だけが推測されたのです。なにしろ実験がすべてまちがいだったのですから、困難は特別なものでした。計算をしてみたら実験とくいちがったというとき、正しい答はどう推測できるでしょうか？　実験がまちがっているはずだと言うには勇気がいります。どこからそんな勇気が出たのか、それはいずれ説明いたしましょう。

今日、パラドックスらしいものはありません。たぶんないでしょう。もしあるとしたら諸法則を全部いっしょにすると現われる例の無限大ですが、皆さん、ゴミをあんまり上手に敷物の下に掃き込みなさるので、つい、これはたいした問題じゃないという気になってしまいます。いまやたくさんの粒子がみつかりましたけれども、これで何がわかったというものでもない。知識の不完全さを思いしらされただけであります。私は確信しているのですが、物理学においては、歴史は繰り返さない。これまでにお話した例からみてもおわかりでしょう。実際、これには理由があるのです。どんな方式も――「対称性を考慮せよ。」「インフォメーションを数学的の形に定式化せよ。」「うまい方程式を捜せ。」――どのやり口もすでに皆が知っており、いく度か試みている。それで話がすむのだったら困難はなかったのです。だから柳の下にどじょうはもういない。今度は何か新しい手を考えなければなりません。難題にゆきあたる。問題が山積する。こうして行き詰まるのは、つまり使い古した方法にばかり頼っているためです。このつぎの物理法則の組立て、きたるべき新発見はこれまでとはまったく異なった仕方でなされるにちがいありません。歴史はたいして役にたたないのです。

ところで、測定できないものは問題にすべきでないというハイゼンベルクの考えですが、私、ちょっと補足をしておきたい。本当に理解してもいないで太鼓をたたく人が多いからであります。ハイゼンベルクが言ったことの意味を考えてみますと、それは、理論を組み上げたり概念を導入したりするときには、計算の結果が実験と比較できるようなものでなければならない――こういう意味です。「ムー*は三つのグー*に等しい」なんていう計算は、ムーが何でグーが何かはっきりしていない限り困る。これはいうまでもありません。しかし実験と比較できるのならそれで十分なので、仮説の中にムーやグーの出る幕がなくてもかまわない。仮説の中身はどんなガラクタでもよろしい。欲しいだけつめこんで結構なのです。それから引き出す帰結が実験と比較できればそれでよい。この点、十分に理解されているとはいえないのでして、粒子とか軌道とかの概念を原子の世界にまで勝手に持ちこんでよいのか、拡張の保証はあるのかと苦情を述べる人がよくあります。心配はご無用、拡張なら何を試みてもよいのです。既知の領域を越えて、すでにわがものとした考え方を乗り越えて、できるだけ遠くまで拡張しなければならない。拡張はすべきものであり、私どもはつねにそれを行なっております。危険なことだというのですか？　そうです。危険です。不確かでいけない？　そのとおり、不確かです。しかし、それをあえてしなければ進歩がない。不確かな道ですが、科学を有用なものにするためにはどうしても必要なのです。科学というものは、かつてなされたことのない実験について何ものかを教えてくれるからこそ有用なのです。すでにわかっていることだけ教えてくれるのでは、なんのご利益もありません。テストされた領域の外まで概念を広げることが必要です。たとえば重力ですが、これは惑星の運動を理解するために考え出された。もしニュートンが「これで惑星のことはわかった」というだけで、重力の法則は地球が月を引く力に適用して試すこともできるのだと考えなかったら、また後の人々が「星雲が集まって宇宙をつくるのもおそらく重力のせいだろう」と考えなかったとしたら、この法則は無用の長物となったことでしょう。拡張は試みなければなりません。あなたがたはこうおっしゃるかもしれない。「星雲だなんて大きな世界のことになったら、まだ何もわかっていないのだから、可能性は無限にある。」それは私も承知しております。しかし、だから仮説がたてられないといって尻ごみするのは、科学のとる道ではない。星雲がすっかり理解されつくすことは考えられません。他方、星雲の振舞いがすべて既知の法則に支配されていると仮定すれば、この仮説は明確で閉じていますから、実験によって容易に否定されうるのであります。私どもが求めているのは、こうした明確な、そして実験と比べられる仮説なのです。実をいえば、今日までのところ星雲の振舞いがさきの仮説に矛盾する気配はありません。

＊（訳注）moo と goo　これも音の遊びだろう。

もう一つ例をあげましょう。このほうがおもしろくもあり、またより重要なものです。たった一つの仮定で生物学の進歩に寄与することが最も大きいものといえば、それは動物たちにできることはすべて原子たちにもできるという仮定でしょう。すなわち、生物界に起こることは物理的・化学的現象のあらわれであって、それ以外に「エキストラ」は関与していないということです。「生物界のことになったら可能性は無限にある。」とおっしゃる方もありましょう。生きものが完全に理解されつくすことはまずないとしたら、可能性はつねに無限であります。そのうえ、タコの足がゆらゆら動いているのは、ほかでもない、原子どもが既知の法則に従ってうごめいているのだといわれても、これを信じるのは容易でない。しかし、この仮説を足場にしてタコの足の運動を追究すれば、その仕組みをきわめて正確に推測することができる。理解が大幅に進むわけです。まだタコの足は健在であります。私どもの仮説がまちがっている兆候はみつかっていません。

科学畑でない人々は、仮説をたてたり推測をしたりするのを非科学的と思っていることが多いようですが、それは誤りです。何年か前に、私はある街のおやじさんと空飛ぶ円盤について話し合いました。私は科学者だから円盤のことをなんでも知っていると思われたのです！「空飛ぶ円盤なんてあるとは思いませんな」と私は言いました。おやじさんはこれに反抗して、「空飛ぶ円盤はありえないって？ あんた、その証明ができるのかね？」

「いや、証明はできません。」私は答えました。「きわめてありそうもないことだと思うだけです。」これを聞くとおやじ、「あんた非科学的だな。証明ができないのに、ありそうもないなんて、どうして言える?」でも、科学的とはこういうことなのです。何がありそうか、何がありそうにないか、これだけ言うのが科学的なので、ことごとに可能か不可能かを証明することではありません。あのとき、おやじにこう言ってやれば私の考えが明確に伝わったかもしれない。「現にこの私をとりまいている世界のことならいくらか知識もあるつもりですが、それから考えると、空飛ぶ円盤を見たという報告は地球人の例のいかれた頭の産物のようです。いかれ加減は既知ですからな。地球外の未知の頭脳の合理的な努力の産物というのよりも、はるかにありそうなことです。」より一層もっともらしく思われる――それだけのことなのです。もっともらしい仮説。私どもはつねに一番もっともらしい説明を捜し当てようと努力する。そのとき、心の奥ではこう考えているわけです。その説明でうまくいかないことが出てきたら、また別の可能性を考えねばならないのだ。

でも、何を残し何を捨て去るべきか。どうしたら判断ができるでしょう? 私どもは立派な原理を一揃いもっています。既知の事実というものもたくさんにあります。でも、私どもは困難に面しているのでして、全部を考えに入れて計算をすれば無限大がでる。そうかといって、全部を入れるのでなければ十分の記述ができない。なにかが欠けているのです。こんな場合には、どれかのアイディアを捨てなければならないものであります。すくなくとも過去においては、結果として、深く信じこんでいたアイディアを捨てる羽目になったのでした。問題は何を捨て何を残すかです。全部を捨てるのは行き過ぎで、手がかりがなくなってしまいます。いろいろ考えてみますと、エネルギー保存則はどうもよさそうだ。これはよい。私は捨てたくありません。何を残し何を捨てるべきか。これを正しく推測するにはたいへんな腕前がいります。いや、本当は運なのかもしれませんが、それでも、腕前がいるようにみえることは確かであります。

確率振幅というやつは奇妙なしろものです。こんな奇妙な新参のアイディアこそ怪しい。だれでも初めはそう思います。しかし、量子力学的の確率振幅が存在するという考えから導出されることは、どれも奇妙なものですが、不思議と実験に合う。新参のたくさんの素粒子にあてはめてもつねに一〇〇パーセントうまくいくのです。この理由から、私は、世界のより深奥の構成要素、臓物がみつけ出された暁にも、確率振幅のアイディアが誤りとされることはあるまいと信じています。これは正しいのだと思います。もちろん私は推測を述べているにすぎない。いかにして私は推測をするかというお話をしているわけです。

さて、空間が連続であるという仮説、これはまちがっていると私は信じます。無限大やなにかの困難を見ているからであります。それなら素粒子の大きさをきめるものは何か、こういう問題が起こってきますが、私はむしろ、普通の幾何学が無限小の世界までずっと成り立つという考えがまちがっているのだと思います。私は穴をあけているだけで、そこに何を代りにつめるべきかは申し上げられません。それができたら、この講義は新法則の発見をもって終わることになるのですが——。

すべての原理をいっしょにすると矛盾が生ずることから、つじつまの合った世界はただ一つだけ可能なのだと主張する人々があります。すべての原理を連立させ、注意深く厳密に計算をすれば、つじつま合わせによって諸原理が導出できるばかりでなく、つじつまが合わせられるとしたら、それはこれらの原理にかぎるということまでわかるだろうと主張するのです。これはたいした秩序づけであります。しかし、尻尾をもって犬を振る(本末転倒の)感じは拭えません。何か物の存在は初めに仮定しておかなければならない。私はそう信じています。奇妙な粒子を五〇も前提するというのではなくて、電子とか何か要素的な少数の粒子のことです。要素粒子の存在を前提としたら、その上はすべての法則も、錯雑したこの世の諸現象とともにたぶんすっかり導出できるのでしょう。何もかもすべてがつじつま合わせの議論から引き出せるとは思いません。

もう一つ問題になりますのは、例の部分的対称性です。中性子と陽子はほとんど同じだが、電気に関してはちがうとか、鏡映の対称性はほとんどの反応について正しいけれども、一つだけ例外があるとか――こういった部分的の対称性は頭痛の種であります。ほとんど対称だが完全ではない。これを考えていくのに二つの流派があります。一つの派は、これは単純なことだという。本来は完全に対称なのだけれど、ちょっと錯雑した事情が介在して、少しばかりおかしな具合に見えるのだと考えるのです。もう一つの派は、実は代表が一人しかいなくて、それは私自身ですが、物は本来が錯雑しているのであり、錯雑を通して単純になるのだと考えます。ギリシア人たちは惑星の軌道は円だと思っていました。本当は楕円であります。まったく対称というのではないがきわめて円に近い。そこで、どうして惑星の軌道は円に近いのだろうという疑問が起こります。どうして対称に近いのでしょうか？　それは、長期にわたって錯雑した潮汐摩擦がはたらいた結果である――ややこしい考え方です。自然はその本質において非対称である、そして現実の錯雑のなかでやがて近似的には対称であるかのごとき観を呈するにいたる。これもありうることだと思うのです。惑星軌道の楕円がほとんど円のように見えるというのが一例であります。可能性としてはこういうことが考えられる。本当のところはだれにもわかりません。私は推測をお話ししているのです。

いま二つの理論A、Bがあって、基本の考えがちがうなどのために、心理的にはまったく異なって見えるのだが、一方、どちらの理論で計算した結果もすべて厳密に一致し、実験にも合うものとします。二つの理論は初めは別物のようにみえますが、すべての帰結が一致する。すべて一致するというとたいへんなことのようですが、これはAの理論とBの理論がつねに相対応する結果を生むことを示せば十分なので、数学的に容易に証明されるのです。今このような二つの理論があったとして、どちらが正しいか、どうしたら決められるでしょう？　科学によっては決められません。どちらも同じ範囲で実験に合うのだからです。二つの理論は、その背後におそらくは根本的に異なった考えをもっているのにもかかわらず、数学的には同等である。これでは二つを差別する科学的の方法はありません。

しかし、です。新しい法則を推測しようと努力している人にとっては、心理的の理由からして二つの理論がおよそ同等とはほど遠いということがありうるでしょう。理論を何かある枠に組んでみて初めて、どこを直すべきかわかるのです。たとえば理論Aの中に、ある物について何かをみつけて、「よし、ここの考え方を変えてやろう」とあなたは思う。しかし、これに相当したことを理論Bについて行なおうとしたら何を変えるべきか。これを見出すのはやっかいなことかもしれない。変えるべき当の考え方がB理論ではひどく複雑な形になっているかもしれない。いいかえると、手を加える前には二つの理論は同じだけれど、変更の仕方によっては、一方の理論なら自然にみえるが、他方では自然にみえないことがある。こういうわけで、心理的の理由から、私どもはすべての理論を頭に入れておかなければなりません。すぐれた物理学者といわれるほどの人は、まったく同一の物理に対してつねに六つや七つの理論的の表現を知っているものです。彼は、そのすべてが同等であり、さしあたりだれにもどれが正しいか決められないことを承知しています。それでも、いつかは推測をし新しい仮説を導入する上に異なったアイディアを与えてくれるだろうと希望して、みんな頭に入れておくのです。

このように考えてくると、また一つの問題が思い浮かんでまいります。それは、一つの理論をめぐる哲学なり概念なりが、理論の小さな変更によってひどく変わることがあるという点です。たとえばニュートンの時間・空間の概念ですが、これは非常によく実験に合っておりました。ところが、水星の軌道をほんのわずか直して正しい答にするために、理論はその性格からして大きく変更されねばならなかったのです。その理由はといえば、ニュートンの理論がとても単純かつ完全であって、明確な結果を生み出すものだったからであります。ほんのちょっとだけ異なった答を出すためには、完全に異なった理論が必要であった。新しい法則を始めるには、完全なものに傷をつけるのではいけない。別に一つ完全なものを作らねばなりません。そのために、ニュートンとアインシュタインの重力理論の間には哲学的の考え方にどえらいちがいができるのです。

それらの哲学とはどういうものでしょうか？　要するに、結果を手早く出すための手品みたいなものです。哲学というものは、ときに法則の理解ともよばれるのですが、人が法則を頭に入れておく際に、結果を手早く出すためにする特別のしまい方のことであります。ある種の人々はこう申します。おそらくマクスウェル方程式のような場合には本当なのでしょう。「哲学なんて、そんなもの気にすることはない。方程式さえ捜せばよいのだ。問題は実験に合うような答を計算で出すことであって、方程式について哲学をもつ必要はないし、言葉による言い表わしや、基礎の議論もいらないのだ。」それも結構です。方程式を無心に捜すほうが、偏見に惑わされることがなく、推測がうまく運ぶのであれば結構。しかし一方、哲学が推測の助けにならないとも限らない。むずかしいところです。

だいじなのは理論が実験に合うことだけであるという主張の人のためには、私はマヤの天文学者とその弟子が討論しているさまを想像してみたい。マヤ人は非常な精度で予知の計算ができました。たとえば日食とか月の位置、金星の位置などが予言できたのですが、これはみんな算術でやった。ある種の数を数えて、引き算をして等々といった具合にやりました。月とは何かなんて問題にしなかったし、そもそも月が回っているという考えもなかった。ただもう、日食がいつ起こるか、月の出は何時で、満月になるのはいつであるか、こういう計算だけをしたのであります。さて、若僧が一人その天文学者のところに行ってこう言ったらどうでしょう。「私、アイディアがあるのです。月やなにかは、おそらく、私たちのまわりを回っているのです。岩みたいな球体が遠くにあって動いている。たぶんその動き方は計算で出せるでしょう。空に現われるのがいつであるか、それだけを計算するのとはぜんぜんちがった方法になります。」「ほほう」と天文学者はいいます。「で、日食はどのくらい正確に予言できるかね？」彼氏の答。「そこまではまだやってありませんし。」そこで天文学者はいうでしょう。「そうか。私たちはな、お前さんが模型とやらを使ってやるのよりも、ずっと正確に日食の計算ができるのじゃ。模型なんかに気をとられていてはいかん。数学的な図式がまさっていることは明瞭だからの。」非常によくある傾向ですが、だれかがアイディアを思いついて「世界がかりにこんなふうだとしたら、……」というと、人は彼に向かって「これこれの問題に対して、君の答はどうなるか」と攻めにかかる。「まだ理論はそこまで展開していないので」と彼がいうと、「なあんだ、ぼくたちはずっと先までやってあるよ。答もとっても正確に出せるんだ。」こんな次第です。理論の背後にある哲学に心を煩わせるべきかどうか、これは問題であります。

もう一つのやり方は、もちろん、新しい原理をみつけることです。アインシュタインの重力理論においては、他のもろもろの原理に加えて、力というものはつねに質量に比例するとの原理が予想された。彼は、加速している車のなかにいることは重力場にいるのと同じだ、という原理を推測し、他の諸原理をこれに合わせることによって正しい重力法則を導き出すことができたのでした。

新しい法則を推測し、探りあてる方法は、ざっと以上のようなものであります。つぎには、そうして進んだときの終着点、そこで起こる二、三の問題についてお話したいと思います。何よりもまず問題になるのは、こういうことでしょう。すべてが完成して、なんでも計算ができる数学的理論が得られたとき、私たちにはなお何かすることが残るだろうか？　そんな時代がきたら、これは驚異です。ある与えられた条件の下で原子が何をしでかすか。これを計算するには紙の上に記号を打ちつけて規則を作り、それを計算機に入れてやる。計算機のスイッチが開いたり閉じたり、何やら複雑な作動の後に結果がでて、原子がこれから何をするかわかってしまう！　もしスイッチの開閉が何かの意味で原子の模型であるのだったら、つまり、原子がスイッチを内蔵していると思えというのだったら、私は多かれ少なかれ計算の過程を理解したといってよい。しかし、数学というのは、その実、本物の振舞いとはなんら関係ない規則をたどることであります。計算機の内部にあるスイッチの開閉は、自然界の現実とはまったく別物なのです。数学を操ることで予言ができるのだから、驚かずにいられません。

この「推測・仮説――帰結の算出――実験と比較」という仕事で最も重要なことの一つ

は、自分の正しさを、時を誤たずに認識することであります。推測の正しさは、帰結をすべてチェックするよりはるか以前にわかるものです。真理はその美しさと単純さによって感知される。仮説をたて、小さな計算を二つ三つして明らかに誤りということでないのを確かめると、もうそれだけで容易に正しさが知れるものです。計算がうまくいったと思うなら、仮説の正しさは明瞭。すくなくとも、あなたにいくらかの経験がおありならば、そう考えてよろしい。計算というのは普通、意図したのより多くのことを教えてくれるものだからであります。実際、仮説というのは何かが非常に単純だという体のものでしょう。だからただちに誤りとわかるのでなければ、そして事が以前より単純になるのであれば、その仮説は正しいにちがいありません。もちろん、経験のない人、気ちがいといった類が単純な推測を述べても、その誤りはただちに見破ることができる。これはいま問題外です。また、経験の浅い学生といった連中はいやに複雑な推測をたてるので、一見それは正しそうに思えるのですが、本当は正しくない。私にはわかっています。真なるものは、結局のところ、予想よりも単純になるのがつねであるからです。必要なのは想像力というわけですけれども、これがごわごわの囚人服でしめつけられている。暴れることができない。世界の新しい見方を捜し出したいわけですが、それは既知の事柄すべてに適合しなければなりません。一方、古い見方とどこかで異なった予言をする必要がある。そうこなければ興味がないわけです。しかし、異をたてるにしても自然には正しく適合するものでなければならない。もちろん、これまで観測の及んだ範囲ではすべてに合い、その外のどこかでくいちがうという理論がみつけられたら、それでも大発見であります。これはもうほとんど不可能に近い。これまでの諸理論が検証されている領域ではすべての実験に合い、どこか別の場所では在来の理論と異なった答が出る——たとえその答が自然に適合しなくてよいとしたところで、そんな新理論をつくるのは不可能に近い。しかし、まったく不可能というものでもありません。新しいアイディアを考えつくのはきわめて困難であります。それには、とびはなれた想像力がいるのです。

この冒険の将来はどうでしょうか？ 終局的には、どうなるのか？ 私どもは法則を推測しては進んでおります。しかし、法則はいったい、いくつ捜し当てたら終りになるのでしょう？ 私にはわかりません。私の仲間には、このままいつまでも続くのだという者もあります。でも、この栄光が永久に、あるいは何千年も続くとは、私には考えられない。つぎからつぎへと新しい法則が発見されて進歩が続くとは思えません。もし続いたら、一つの階層を終えるとその下にまた階層が現われて、うんざりさせられるでしょう。私が思うには、将来起こりうるのは、つぎのいずれかでありそうです。一つは、法則がすべてわかってしまうこと。法則が十分にたくさん知られ、その帰結が算出できて、つねに実験に合う。こうなれば一巻の終りであります。もう一つは先に進めば進むほど、実験が困難になり、お金もかかるようになって、現象の九九・九パーセントまでは手が届いたけれども、しかしなお新発見がつねに続く。そして、発見されたての現象は測定もむずかしければ理論にも合わないという状況。一つ説明をつけたと思うと、また別の珍現象が現われる。進歩はだんだんのろくなって、興味もあせてくる。こうして終りがくるというわけです。第一の型にせよ、第二の型にせよとにかく終りはくるだろうと私は考えております。

私たちが、まだ発見の続けられる時代に生まれ合わせたのは幸運です。アメリカ大陸発見のようなもので、発見は一回かぎり。私たちが生まれ合わせたのは自然法則発見の時代です。こういうときは二度とこないのです。胸おどる興奮。このすばらしさ。しかし、興奮はやがては退いていくほかない。もちろん、そうなればまた別の興味がわいてくるでしょう。ある階層の現象と別の階層との関連がおもしろくなってくる。生物学的の現象とか、また探検だったら惑星の探検とかが考えられますけれども、私どもが現在しているのと同じ類のことはなくなってしまうのでしょう。

もう一つ起こりそうなこと。結局においてすべてが知れてしまうにせよ、憂うつがくるにせよ、生気にあふれたかの哲学も、私がこれまでお話してきたような万物に対する注意深い関心も徐々に消えていくでしょう。いつも観覧席から身をのり出してとんまな批評を並べていた哲学者たちは、自分から引っ込んでいくはずです。もはや私ども、「もし君たちの言うことが正しかったら、残りの法則も私たちすぐにも捜し当てられるのだがね。」こう言って彼らを追いやるわけにはいかない。なにしろ、法則は全部みつかっているので、彼らは好き勝手な説明ができるからです。たとえば、空間はなぜ三次元なのか。いつの時代にも説明と称するものがあります。それも結構。しかし、空間は一つしかないので、その説明が正しいのかまちがいなのか判定ができません。すべてが知れてしまったときも同様です。なぜそれらが正しい法則としてあるのか、その説明が現われるでしょう。しかし、その説明は、そんな理由づけをしても先に進む助けにならんと言って批判することができない。アイディアはしぼんでいくほかありません。ちょうど、物見遊山の旅行者たちが領分を侵し始めたとき大探検家が感じるあの落魄の気持です。

いまの時代には人々に喜びがあります。見たこともない新しい状況の下で自然がいかに振舞うか、これを予測しては正しく言いあてて、人々は途方もない喜びを味わっています。ある領域の実験と知識から、まだだれも探検してない領域に起こることが推測できる。普通の探検とはちょっとちがうのでして、大陸を一つ発見しますと、そこには、まだ発見されてない大陸がいったいどんな具合であるか、これを推測するのに十分の手がかりが刻まれているのであります。ついでに申しますが、この推測というやつは、実は、皆さんがこれまでにごらんになったのとは非常にちがうところが多い。たいへんな思索がいるものです。

しかし、なぜある一部から残りの振舞いが推測できるのか。自然の何がいったいそうさせるのでしょうか？　これは非科学的な設問です。私にはどう答えてよいかわかりません。そこで、非科学的のお答えをいたしましょう。それは、自然が単純さと、したがってまた美しさを備えているからだと私は思います。

訳者追記（一九八三年）

　以上の講演がなされた一九六四年からすでに二〇年ちかくになる。その間の基礎物理学の進展は著しい。本文に関わりのある展開については、そのつど新しい参考書を訳注に示してきたが、素粒子物理がついに宇宙論に結びついたことには触れる機会がなかった。それは、いわゆる3Kの宇宙背景輻射の発見（一九六五年）が宇宙のビッグ・バン起源を現実のものとしたことに始まる。たとえば

　S・ワインバーグ『宇宙創成はじめの三分間』小尾信彌訳、ダイヤモンド社、一九七七年。

を参照。この本の著者とA・サラムとによる電磁相互作用と弱い相互作用のゲージ理論への統一は、さらに強い相互作用まで含めた大統一理論の構想をうながした。そこから、初期の宇宙に相互作用の分化をもたらす一種の相転移があったという観点が生まれた。これについてはつぎの解説を参照。

　佐藤文隆・佐藤勝彦「宇宙はどうして始まったか」『自然』中央公論社、一九七六年二月号、一九七八年十二月号。

この観点は、われわれの宇宙に反物質が少なく圧倒的に物質が多いのは何故かという長年の疑問に答をあたえる。そのことに気づいた本人による解説がある。

吉村太彦「なぜ反世界は観測されないのか」『自然』一九八〇年三月号。

相互作用の分化や物質・反物質の非対称の発生が銀河系の形成のような天体的過程の原因になっているという考えがある。その提唱者によるつぎの解説を見よ。

佐勝文隆・佐藤勝彦「宇宙が1センチだった頃」『自然』一九八一年六月号。

つぎの特集号には、さらに新しい発展が含まれている。

特集「宇宙と素粒子」『科学』岩波書店、一九八二年七月号。

こうした拡がりをもつにいたった相互作用の統一理論には、ファインマンの講演では触れられていない二つの要素がある。すなわち、ゲージ対称性という指導原理と対称性の自発的な破れという現象。その解説はたくさんある。たとえば

特集「ゲージ理論」『数理科学』サイエンス社、一九八二年六月号。

佐藤文隆編『宇宙論と統一理論の展開』岩波書店、一九八七年。

なお、ゲージ場の考えのやさしい解説があるので付け加えておこう。

H・J・バーンスタイン、A・V・フィリップス「ファイバー・バンドルと量子論」『別冊サイエンス・量子力学の新展開』江沢洋編、日経サイエンス社、一九八三年、所収。

江沢洋・外村彰「きみはゲージ場をみたか」『自然』一九八三年一月号。

ここにあげた「量子力学の新展開」には、量子の世界の新しい話題が集めてある。同じ趣旨で

日本物理学会編『量子力学と新技術』培風館、一九八七年。

基礎物理学の統計的側面でも進展は著しく、興味ぶかい解説も少なくない。たとえば

中嶋貞雄『量子の世界――極低温の物理』東大出版会、一九七五年。

久保亮五教授還暦記念事業実行委員会編『統計力学の進歩』裳華房、一九八二年。

もうひとつ見逃がすことのできない発展が数学と物理学の協力関係にあり、これは今後いっそう進むにちがいない。つぎの本を参照。

荒木不二洋『数学と物理学の接点』ダイヤモンド社、一九七二年。

こうした基礎物理学の発展がどれもファインマンの講演とどこかでつながっていることを最後に指摘しておきたい。

訳者追記（二〇〇一年）

陽子や中性子、中間子がもはや素粒子でなくクォークから作られていることは、本書の講演がなされた一九六四年より後の発見である。今日では、素粒子物理学は弱い相互作用、電磁相互作用および強い相互作用をすべて含めて素粒子の標準模型にまとめられている。それについて

南部陽一郎『クォーク（第二版）――素粒子物理はどこまで進んだか』講談社ブルーバックス、一九九八年。

戸塚洋二『素粒子物理』岩波講座・現代の物理学、岩波書店、一九九六年。

坂井典佑『素粒子物理学』培風館、一九九三年。

をあげておく。実験については、やや古いが

堀越源一・政池明『素粒子の世界を探る』サイエンス社、一九八一年

をあげる。トップクォークの発見については戸塚が軽く触れているが

近藤都登「トップクォーク生成の証拠」『科学』岩波書店、一九九四年六月号。

最近の発展については

特集「西暦二千年の素粒子物理学」『科学』一九九三年七月号。

この中にも触れられているが、素粒子の弦模型について
米谷民明「素粒子の統一理論と弦仮説」『科学』一九九〇年四月号。

風間洋一「超弦理論の新時代」『科学』一九九八年五月号。

江口徹「共形場の理論の進展」『科学』一九九〇年九月号。

ニュートリノの質量は標準模型ではゼロとされているが
梶田隆章「ニュートリノの質量の発見——素粒子の標準模型を越える物理への第一歩」『科学』一九九九年二月号。

この号は「ニュートリノの質量はなにを語るか」という小特集になっている。

なお、歴史的な展望として
中野董夫・南部陽一郎・西島和彦・早川幸男・川口正昭「戦後素粒子論の出発」『科学』一九九〇年三月号。

南部陽一郎「アイディアの輪廻転生——素粒子論の歴史と展望」『科学』一九九〇年五月号。

藤川和男「物理法則の幾何学化一般相対論からゲージ理論の成立まで」『科学』一九九一年五月号。

固体物理に目を移すと、高温超伝導が相変わらず謎である。

永長直人「高温超伝導体の理解はどこまで進んだか」『科学』一九九七年八月号。

外村彰「高温超伝導がここまで見える——動きまわるミクロの磁束量子」『科学』一九九九年五月号。

高木英典「新しい〝高温超伝導〟物質——物質開発の進展」『科学』一九九五年八月号。

量子ホール効果とも関連して
石川健三「場の理論とトポロジー——量子ホール効果とエニオン超伝導」『科学』一九九一年三月号。

青木秀夫「高温超伝導とエニオン」『科学』一九九一年七月号。

川上則雄・梁成吉「共形場の理論と統計物理学」『科学』一九九二年八月号。

なお、最近の話題としていくつかを拾えば
藤沢利正「量子ドット分子の物理と量子計算」『科学』一九九九年六月号。

藤原毅夫・石井靖「準結晶の物理」『科学』一九九一年八月号。

井野正三「物質表面での原子の動きと電気伝導」『科学』一九九四年六月号。

鶴見剛也・和達三樹「中性原子を用いたボース - アインシュタイン凝縮」『科学』一九九九年一一月号。

出口哲生「結び目と絡み合いの統計物理学」『科学』二〇〇〇年八月号。

三輪哲二「数学と統計物理の接点から」『科学』一九九〇年六月号。

量子力学の観測問題に関しては

清水明「測定の古典論と量子論」『科学』一九九七年三月号。

高木伸「巨視的量子現象と $^{3}He-^{4}He$ 混合量子液体」『科学』一九九五年九月号。

カオスと複雑系に関して

P・W・アンダーソン「複雑さの科学」『科学』一九九〇年九月号。

相沢洋二「カオスの問題」『科学』一九九〇年七月号。

足立聡「量子系のカオス」『科学』一九九四年二月号。

土屋荘次「分子振動の量子カオスと化学反応」『科学』一九九六年二月号。


宇宙論は新たな観測結果を得て転回期を迎えているという。


佐藤文隆「急転回する宇宙論」『科学』一九九二年七月号。

前田恵一「時空の物理学としてのインフレーション」『科学』一九九二年八月号。

佐藤勝彦「クェーサー吸収線で探るビッグバン宇宙――観測的宇宙論の新時代」『科学』一九九四年九月号。

佐々木節「初期宇宙におけるトンネル現象――COBE以降の宇宙論」『科学』一九九五年三月号。

須藤靖「宇宙論研究の新時代――われわれはどこまで宇宙を理解したか」『科学』一九九一年七月号。

この須藤論文も暗黒物質に触れているが

牧島一夫「宇宙の暗黒物質とその階層構造」『科学』一九九一年七月号。

吉村太彦「幻の粒子アクシオンと宇宙論」『科学』一九九〇年一二月号。

アクシオンは暗黒物質の有力候補だという。別の話題として
梶野敏貴「宇宙初期と高エネルギー核物理学」『科学』一九九一年一一月号。

谷畑勇夫「不安定原子核と宇宙での元素合成」『科学』一九九五年三月号。

岡本功・鏑木修「ブラックホールの熱力学と進化」『科学』一九九一年二月号。

稲垣省吾「自己重力多体問題としての球状星団」『科学』一九九一年七月号。

木舟正「宇宙はなぜ粒子を加速するのか――高エネルギーガンマ線天文学がせまる宇宙の謎」『科学』一九九九年一一月号。

重力波の検出器が動きだしている。

川村静児「大型光干渉計で重力波を捉える――アメリカのＬＩＧＯ計画」『科学』一九九三年六月号。

藤本眞克「運転開始間近のTAMA300」『科学』一九九九年五月号。

どんな重力波がくるかは数値的に予想するのである。

中村卓史「数値的一般相対論の世界」『科学』一九九〇年八月号。

最後に座談会を二つあげておこう。

上野健爾・佐々木力・佐藤文隆・山田慶児「科学はいまどこにいるのか」『科学』一九九九

九年三月号。

甘利俊一・江口徹・岡本和夫・高橋陽一郎・和達三樹「今日の数学と物理学」『科学』一九九〇年一月号。

なお、雑誌『数理科学』や『パリティ』にもよい記事がたくさん載っている。

第二部　量子電磁力学に対する時空全局的観点の発展

——ノーベル賞受賞講演

惚れたアイディア——電磁場は存在しない！

私どもが科学雑誌に出す論文を書きます場合、習慣として、できるだけ最終的の形にもっていって仕上げをよくし、考えの曲折はすべて隠して、袋小路は忘れ、初めどんな見当ちがいのアイディアをもったかなど述べることはいたしません。そのため、一つの仕事が軌道にのるまでに本当はどれだけのことをしたのだったか、それを胸を張って発表できるような場所がない。最近こうしたことに興味がもたれるようになってはおりますが、しかし適当な場所はありません。賞をいただくというのは、いわば私事でありますから、この機会にならば、私と量子電磁力学とのかかわり合いについて個人的のことをお話しても、あるいはお許しいただけるのではないか、完成をして磨きをかけた形の議論を展開するのでなくてもよいのではないか、こう私は考えたわけです。それに、物理学で賞をいただくのは三名でありますから、そのだれもが量子電磁力学それ自体についてお話するとしたら、皆さん、それこそうんざりなさるでしょう。こんなわけで、私が今日お話したいと思いますのは、一連の出来事、というよりはむしろアイディアですが、ずっと潜り抜けたとき遂に問題が解けて、その結果として私が賞を授けられることになったもの、その一連のアイディアを順にたどってみようと思います。

それは真に科学的の論文のほうが価値の高いことは承知しております。でも、そのような論文は正式の科学雑誌に発表できる。私はこのノーベル賞受賞講演を、いくらか価値は低いが他の場所ではできないということをする機会として使わせていただきたいのです。もう一つご海容を願っておかねばならないことがあります。それは挿話の類を細部まで組み込んでお話することですが、これは科学的に無価値なことはもちろん、アイディアの展開を理解しやすくするわけでもない。ただ、この講演をおもしろくしたいために挿入するわけであります。

私は一九四七年に最終的の論文を出すまで八年間この問題に取り組んでおりました。始まりは、マサチューセッツ工科大学で学部の学生として物理学の既知の部分について読んでいたときでした。人々が思い悩んでいる問題をしだいに知りはじめ、そして遂に、当時の基本的の問題は電気と磁気の量子力学が完全には満足の状態にないということだと悟ったのであります。これはハイトラー(W. Heitler)やディラック(P. A. M. Dirac)の本からです。これらの本に著者たちが述べている意見のところに触発された。証明とか、ゆきとどいた例題、計算などに感激したわけではありません。それらは、あまりよく理解できなかったからです。若年の私に理解できたのは、これこれは意味をなさぬといった類の意見ばかり。

ディラックの本の最後の一節はいまもよく覚えています。「何か本質的に新しい物理的のアイディアがここで必要のように思われる。」私はこれを挑戦と受けとり勇躍したのでした。私はまたひそかに思ったのですが、私の解きたい問題に人々は満足な解答ができないのだから、つまり彼らのしたことにはたいして注意をはらわなくてよいわけだな——。

それでも、いろんな本を読んでみますと、電磁力学の量子論には困難の根源が二つあるらしいことが察せられました。第一に、電子が自分自身と相互作用するエネルギーが無限大になること。この困難は古典論においてすでに存在したものです。第二の困難は、場というものが無限にたくさんの自由度をもつことに関係した無限大。当時の私の理論では(私の記憶に忠実にいえば)、この困難は単純なもので、箱に閉じこめた場の調和振動子を量子化したとき、振動子のそれぞれが基底状態で$\frac{1}{2}\hbar\omega$のエネルギーをもち、箱の中には振動数の増加列に応じて無限個の振動形式があるために、箱のなかのエネルギーが無限大になる。現在では、私は、これが核心をついた言い表わし方でないことを承知しております。零点エネルギーの無限大なら、たんにエネルギーの原点をずらすだけで除けるわけです。それはともかく、電子が自分自身に作用すること、場が無限大の自由度をもつこと、この二つから困難が起こるのだと私は信じこんだのであります。

さて、私にはまったく明らかと思われたのですが、粒子が自分自身に作用する、すなわち電気力はそれを作り出す粒子そのものにも作用をするという考えは必要でない――いや実際ばかげた考えである。そこで、私は自分に言いきかせました。電子は自分自身には作用しないんだ。他の電子に作用するだけなのだ。これは、場が存在しないということです。おわかりでしょうか。もし、すべての電荷が力を合わせて一つの場を作り、その場がひるがえってすべての電荷に作用をするというのなら、電荷はそれ自身の作用をも浴びるはずなのです。よろしい。ここにまちがいがあったのだ。場は存在しないのだ。つまり、一つの電荷をゆり動かすと、少し間をおいてから別の電荷がゆれる。それだけのことではないか。遅れがあるにしても、電荷は直接に作用し合うのである。一つの電荷の運動を他のに関係づける力の法則が遅れを含んでいるまでのこと。これをゆり動かすと、少し遅れてあちらがゆれる。太陽のなかで原子が振動すれば、八分たってから私の目のなかの電子が振動する。これも直接の相互作用の結果である。

この考えは魅力的です。二つの問題が同時に解決されるのです。第一。ただちにいえることですが私は電子に自身への作用をさせない、他の電子への作用だけがあるとしますから、したがって自己エネルギーは無し！　第二に場の自由度の無限大もありません。場というものがないからです。何か場のようなものを考えたいとおっしゃるならそれも結構ですが、その場は、それを作り出す粒子の運動によって完全にきまってしまう。こちらの粒子をゆり動かすとあちらがゆれる。これをもし場の流儀で考えたいなら、かりに場が存在するとしても結構ですが、場は、それを生み出す物質によって完全に規定されてしまうわけですから、〝独立な〟自由度をもつことがない。自由度にかかわる無限大は除かれたことになるのであります。事実、私どもが外を眺めて光を見るときには、つねに光源としての物質を〝認知〟することができる。光だけを見ることはありません(星の見えないところから電波がくるという最近の発見だけは例外です)。*

* (訳注)その電波源は日本の宇宙物理学者小田稔を含むグループにより発見された。小田稔「X線天文学――その後の発展」『自然』中央公論社、一九六六年八月号。西村純『気球をとばす』岩波科学の本、一九七五年、第六章「観測器を星にむける」。

これでおわかりと思いますが、私のプランはまず古典的の問題を解く、古典理論における自己エネルギーの無限大を除くのです。その後で量子論に移行したら、すべてうまくいくだろう――ここに希望があると思ったのです。

これが事の始まりでした。かのアイディアは私にとってあまりにも明白であり、またすばらしくエレガントにみえましたので、私は深い恋に落ちてしまった。女性に恋をするのは彼女のことを多くは知らないからこそ、欠点に目が届かないからこそです。欠点はやがて目につくようになるでしょうが、そのときはもう恋のとりこ。彼女から離れられない。

私もご同様でした。むずかしいことがつぎつぎと出てきたのですが、私はかの理論から離れられなくなっていました。若くて情熱的だったのです。

電子の自己作用——先進ポテンシャル

それから、私は大学院に進み、いつしか、電子は自身に作用をしないというアイディアにまちがいのあることを悟ったのです。電子を加速すると輻射を出しますから、その分のエネルギーだけ余分の仕事をしてやらなければなりません。輻射の抵抗というものが生ずるのでして、この力に抗して仕事をする必要があるわけです。当時この力の起源は、ローレンツ(H. A. Lorentz)に従って、電子の自身への作用にあるとされていました。自身への作用を計算してみますと、その第一項は一種の慣性を与えます(相対論的には不満足な点がありますけれども)。この慣性的の項は点電荷に対しては無限大です。しかし、第二項はエネルギー損失の速さを与えるもので、これは点電荷については輻射されるエネルギーの量から求めた損失に正しく一致いたします。それゆえ輻射抵抗の力はエネルギー保存のためには絶対に必要なのに、電荷が自身には作用しないとしたら消失してしまうのでした。

こんなわけで、大学院に進んだとき、私の理論には歴然と明らかな誤謬のあることを学んだのです。それでも、もとの考えに対する恋はさめやらず、私は、量子電磁力学の困難の解決はそこに見出されるはずだと考えておりました。もとのアイディアをなんとかして生かそうと、折にふれて試みをくり返していたのです。電子を加速したときに何かの作用が起こって輻射抵抗が生ずるように仕組まなければならない。しかし、電子は他の電子にだけ作用するとした以上、この作用の源として考えられるのは、世界にある他の電子しかありません。私はホイーラー教授(J. A. Wheeler)の下で働いていたのですが、ある日、教授のくれた問題がどうにも解けないとなったとき、輻射抵抗にたちかえってこんな計算をしてみました。電荷が二つあるとします。第一の電荷を作用の源と思うことにしますが、これをゆり動かすと、それで第二の電荷がゆれ動きます。ところが、第二の電荷がゆれ動けば、それは源に作用を返すことになる。いったいどれだけの作用を返すことになるか。これが結局は輻射抵抗になるのではないかと期待して私は計算をしてみました。期待は、もちろん、はずれました。でも私はホイーラー教授のところに行ってアイディアを話したのです。ほほう、と彼はいいました。お前のいう二つの電荷の問題では、不幸にして答が第二の電荷の電気量や質量に依存するだろう。電荷の間の距離 R の二乗に反比例して小さくなってしまうだろう。輻射抵抗はこのどれにも依存しないよ。これは先生、すっかり自分で計算をしたなと私は思ったものです。しかし、自分が教授になったいまは、大学院の学生が数週間もかかって展開した考えを即座に理解するくらい賢くなるのも可能であることを知っています。教授はまた私自身が思い悩んでいたことを言い当てました。そもそもの源をとり囲んでたくさんの電荷が一様の密度で存在する状況では、まわりの電荷の影響を総和すると、Rの逆二乗は体積要素からくるR^2で打ち消され、答は層の厚みに比例するね。電荷の層が無限の遠方までのびていれば、遂に答は無限大になる。つまり、源にはねかえってくる影響の合計が無限大になるということだな。そして最後に教授はこういいました。たいへんな見落しをしているよ。第一の電荷を加速すると、第二の電荷が反応を示すのはしばらくたってからだ。それから源まで作用が返ってくるのにまた時間がかかる。反作用はまちがった時刻に起こるのだね。私は、はっとしました。なんておれはとんまなのだろう。私が計算をしたのは、つまり普通の光の反射じゃないか。輻射の反作用なんかではない。私がとんまだったとしたら、ホイーラー教授はその分だけ賢かったわけです。なぜなら、教授はあたかも以前に計算をすっかりすませ完全に準備ができていたかのように話を続けたからであります。実際は準備などなかった。議論を進めながら計算をしていったのです。第一に、と教授はいいました。吸収体のなかにある電荷が返してくる作用は、普通の反射光を表わす遅延波(retarded wave)とともに、先進波(advanced wave)でも源に伝わるとしよう。つまり相互作用は時間の前向きにも後向きにもはたらくというわけだ。そのとき私はもう十分に物理屋根性が身についていましたから、〃とんでもない。そんなことがあるものですか〃とは申しませんでした。今日では、あらゆる物理学者がアインシュタインとボーアを勉強して、初めは完全に背理とみえるアイディアも、実験条件を勘案しながら細部にわたって完全に分析をつくせば、実は背理でなかったことがわかる場合もあることを承知しています。そこでお返しの作用に先進波を使うことに、私はホイーラー教授と同じ程度の抵抗しか感じなかったのです。先進波だってマクスウェル方程式の解であります。物理には以前に使われたことがないというにすぎません。

ホイーラー教授は、反作用が正しい時刻にくるようにするため先進波を利用し、つぎのような考えを述べました。吸収体のなかにたくさんの電子があったら屈折率がnになり、源からきた遅延波は吸収体を通るあいだに波長がいくらか変わるだろう。いま、吸収体から帰ってくる先進波は屈折率を感じないとする――なぜ？　それはわからない。とにかく、先進波は屈折率を感じないと仮定しよう。――そうすれば、返りの波ともとの波の位相がだんだんにずれる結果、電子群からの寄与は、あたかも有限の厚み、つまり第一波動圏からだけくるかのようになると考えられる(より正確には媒質中での位相が、真空中で期待される値からかなりずれてくる深さまで。$\lambda/(n-1)$に比例)。さて、そこにある電子の数が少なければ寄与も小さくなりそうだが、しかし有効な寄与をする層は厚くなる。それは、電子が少なければ屈折率が1に近くなるからである。電子の電荷がかりに現実より大きかったとしたら、個々の電子からの寄与は大きくなるが、一方、有効な層の厚みは減る。屈折率が大きくなるためである。——こんなふうに考えて、教授と大ざっぱに当たってみたところでは(数係数まで正しく勘定に入れるほど深い注意は払わずに計算をした)、確かに、源に返ってくる作用は、まわりをとりまく吸収体に含まれた電荷群の性質に無関係となりました。そのうえ、輻射抵抗を表わすのにぴったりの性質になったのですが、しかし私たちは、その大きさまで正確に合うかどうかを見きわめることはできませんでした。教授が私に宿題を出して、その日はお開き。まず、数値的に正しい答を得るためにはどれだけの先進波とどれだけの遅延波が必要かきちんと計算すること。それができたら、試験電荷を源のごく近くにおいたときに見られるはずの先進波の効果はどうなるのか調べること。それというのも、一般に電荷が遅延効果と同時に先進効果をも生み出すのであったら、源の近くにある試験体が源から出る先進波に影響されないのはなぜなのか——こういう疑問が起こってくるからであります。

私は、個々の電荷が作り出す場として先進波と遅延波を半々に用いると正しい答が得られることを見出しました。つまり、マクスウェル方程式の解で時間について対称なものを用いるべきである。そして、源がたしかに先進波をも出しているのにもかかわらず、源の近くで先進効果が見られない理由はつぎのとおりです。いま、源が一〇光秒だけ離れた球面状の吸収壁にかこまれており、試験電荷は源の右に一光秒の距離にあるものとします。そうすると、試験電荷は壁のある部分からは一一光秒だけ離れ、別の部分からは九光秒ということになる。さて、源を $t=0$ に出た作用は壁面に時刻 $+10$ に運動を誘起します。それによって起こる先進効果は左の壁からのならば試験電荷に一一秒だけ前に作用できるわけですから、その作用の時刻は $t=-1$ となります。ところが、これは源から直接にくる先進波が試験電荷に到達する時刻でもあるのでして、計算をしてみますと、二つの先進効果は大きさが等しく符号が反対で、すっかり打ち消し合うことがわかります！　それより後、時刻 $+1$ には、試験電荷のところに源と右の壁とからくる作用はやはり大きさが等しいのですけれども、今度は符号が同じで、互いに強め合い、源からの半人前の遅延波をちゃんと一人前に仕立て上げることになります。

こうして、つぎのような可能性のあることが明らかになりました。すべての作用がマクスウェル方程式の先進と遅延と半々にまじった解によって伝わると仮定し、また、すべての源は吸収性の物質でかこまれていると仮定したならば、吸収壁の電荷が先進波によって源に直接に作用を返す結果として輻射抵抗を説明することができる——。

論点をことごとくチェックするのに何カ月もかかりました。結果がどれも吸収壁の形にようないこと、法則は厳密に正しいこと、先進波の効果はどんな場合にも打ち消し合うこと等々。私どもは、論証の能率を高めよう、なにゆえに事がうまく運ぶのかをより明瞭に理解しようとつねに心がけて努力を重ねたのでした。その詳細をお話して皆さんをうんざりさせようとは思いません。先進波を用いたもので私どもは背理めいたものにたくさん出会いましたが、それを一つ一つ解きほぐし、遂にこの理論にはなんら論理的の困難はないということを見届けたのです。理論は完全に満足すべきものでありました。

電磁場なしの電気力学——最小作用の原理

私どもはまたこの理論を別の仕方で定式化できることに気づきました。それは最小作用の原理を用いることです。私のそもそものもくろみはあらゆることを粒子の運動によって直接に記述することでありましたから、場などというものをぜんぜんもち出さずにこの新理論を言い表わしたい——私はそう考えたのです。それは可能でした。私どもは、作用積分に対して、荷電粒子の運動だけを直接に含み、その変分によって粒子の運動方程式が得られるようなものを見出すことができました。この作用積分Aの表式は

$$A=\sum_i m_i\int(\dot{X}^i_\mu\dot{X}^i_\mu)^{1/2}da_i+\frac{1}{2}\sum_{\substack{i,j\\ i\neq j}}e_ie_j\iint\delta(I^2_{ij})\,\dot{X}^i_\mu(a_i)\,\dot{X}^j_\mu(a_j)\,da_ida_j \qquad (1)$$

ここに

$$I^2_{ij}=[X^i_\mu(a_i)-X^j_\mu(a_j)][X^i_\mu(a_i)-X^j_\mu(a_j)]$$

また $X^i_\mu(a_i)$ は i 番めの電子の位置を表わす四元ベクトルで、パラメタ a_i の関数、$\dot{X}^i_\mu$ は $dX^i_\mu(a_i)/da_i$ です。第一項は固有時の積分で、質量 m_i の自由粒子の相対論的力学でふつうにお目にかかる作用積分であります(例によって、二度くりかえした添字 μ については和をとります)。第二項は電荷の電気的相互作用を表わすものです。和は電荷の考えられるペアすべてにわたってとります(因子1/2はそれぞれのペアを一度だけ数えるためにつけた。自己作用を避けるため $i=j$ の項は除く)。この相互作用は I^2_{ij} のデルタ関数を介した二重積分の形をしていますが、この I^2_{ij} は二本の径路上をそれぞれに走る二点の間の時空距離の二乗です。それゆえ、相互作用は時空距離がゼロのときにだけ、つまり光円錐に沿ってだけ起こることになります。

相互作用が先進と遅延と半々であるという事実のおかげで、最小作用の原理がこのような形に書けるのです。相互作用が遅延波だけによるのだったら、こうは書けません。

こういう次第で、古典電磁力学のすべてがこの非常に単純な式に含まれることになりました。これは美しい。だから正しいこと疑いなしである。すくなくとも私ごとき初心者にはそう思われました。先進と遅延との効果が自動的に半々にでてくるし、場は含まれていない。$i=j$ を和から除いてあるので自己作用がなく、したがって自己エネルギーの無限大はなくなっている。これこそは希望した解決であり、古典電磁力学から無限大をなくすものでありました。

もちろん、お望みなら場を復活させることもできるのです。ただし、個々の粒子が作る場を別々に追跡しておかねばなりません。それは、ある粒子に作用する場を正しく求めるのに、その粒子自身が作る場を除いておく必要があるからです。あらゆる粒子が寄与をしてできた一つの場では困るのです。このアイディアは以前にフレンケル(J. Frenkel)によって示唆されていたので、私どもは、個々の粒子の場を別々に考えたものをフレンケル場とよぶことにしました。粒子が互いに他の粒子にしか作用しないとする理論は、先進解と遅延解を半々に重ねたフレンケル場を使うことと同等なのです。

ここで、電磁力学の興味ある改造法がいくつか浮かんでまいりました。私どもはいろいろと議論しましたが、ここでは一つだけお話しましょう。それは相互作用項のデルタ関数を何か別のいくらか広がりをもった関数 $f(I_{ij}^2)$ でおきかえることです。すなわち二つの電荷の距離がきっちりゼロになったときだけ相互作用が起こるとする代りに I_{ij}^2 のデルタ関数をちょっとだけ幅をもったものにする。いま $f(Z)$ は $Z=0$ の付近で幅がオーダー a^2 の所でだけ大きいとしましょう。そうすると、R を電荷の間隔、T を時刻の差として、相互作用は T^2-R^2 がだいたい a^2 のオーダーのときに起こることになります。これは経験に矛盾するように思われるかもしれませんが、a が 10^{-13} cm くらいに小さければ、作用のおくれ T がだいたい $\sqrt{R^2\pm a^2}$ ということで、R が a に比べて十分に大きいなら近似的に $T=R\pm a^2/(2R)$ となります。時刻 T が理想化されたマクスウェルの理論値 R からずれる量は、電荷が離れれば離れるほど小さくなるということです。それゆえ、発電機やモーターなどの解析に用いられる理論のすべて、またマクスウェルの時代に行なわれた電磁力学のあらゆるテストは、a が 10^{-13} cm くらいなら、そのままで十分に満足されるわけです。いま R をセンチメートルのオーダーとしてみれば、この T のずれは割合にしてたった 10^{-26} にしかなりません。ですから、理論を単純な仕方で変更して、かつ古典電磁力学のあらゆる実験に矛盾しないようにすることが可能です。f として正しくはどんな関数を用いるべきかの手がかりはぜんぜんありませんが、それでも、これは量子電磁力学を展開する際に心に留めておくべき興味深い可能性であります。

そのようにすれば(δ を f におきかえる)和の $i=j$ の項を復活できることにも、私たちは気づきました。復活した項は電荷の自分自身への作用を有限でかつ相対論的に不変な仕方で表わすのです。実際、もしそのようにしたら、自己作用のおもな効果は(加速度があまり大きくない限り)質量の変化として現われるものだという証明ができるのでした。実際、質量 m_i の項は必要ではなく、力学的な質量はすべて電磁的に生じていると考えてもよい。それですから、お望みならば、作用の表式がもっと単純な別の理論を作ることも可能なわけです。その単純な表式が古典電磁力学のすべてを表わし、重力を別にすれば本質的に古典物理学のすべてになるのであります。

ちょっとゴタゴタしたかもしれませんが、それは私がいくつもの異なった立場を一度にお話したためです。ここで注意していただきたいのは、いろんな可能性があるとして、私どもがこれらすべてを頭に入れておいたことであります。古典の電磁力学の困難に対していくつも異なった解決がありうる。そしてどれをとっても量子電磁力学の困難を解決する上によい出発点になりそうだと思われたのです。

時空の全局を見る巨人の観点

もう一つ強調しておきたいのですが、このころまでに私は、ありきたりのものの見方とはちがうある物理的の観点に慣れてきていました。それまでの見方は、現象を時間の関数として刻々の発展を論ずるものです。たとえば、ある時刻の場が与えられると、微分方程式によって、つぎの瞬間の場のありさまが計算される。これをハミルトン式の観点、あるいは時間微分の方法とよぶことにしましょう。私どものは(たとえば(1)式)、これとちがって、時空全体を一気に眺めわたして粒子の径路の性格を規定するのです。* 自然の振舞いは、時空における径路が全体としてこれこれの性質をもつとして記述される。作用積分が(1)のような形をしているとき、$X^i_\mu(a_i)$ の変分によって得られる方程式は容易なことではハミルトン式にもどせません。変数として粒子の座標だけを用いる仕方では、径路の性質について語ることはできますが、ともかく、ある時刻の粒子の運動が他の粒子の別の時刻の運動に影響されることを免かれない。それゆえ、粒子どもの現在の状況がどうであるか、そしてこの現況がいかに未来を定めるか、という具合に時間微分の流儀で記述をしようとしたら、粒子だけ考えるのではだめであります。過去に粒子のしたことが、未来に影響するからです。

* (訳注)時空の全体を一気に見渡すので、この見方は時空全局的の観点(space-time view)といわれ、またときには時空の全局を見る巨人の視点といわれる。

そこで、たくさんの記憶変数を用意して、過去に粒子が何をしたか記録しておかねばなりません。これが場の変数とよばれるものです。粒子の現況に加えて、場の状況も指定しないことには未来に何が起こるかの予言ができない。一方、最小作用の原理で表わされるような時空全局を相手にする観点では、場というものは無用になります。場はハミルトン式の方法で必要になる記憶変数にすぎないのでした。

この新しい見方の副産物というわけですが、ある日、プリンストンの大学院の部屋にホイーラー教授から電話がかかりました。「ファインマン君、なぜ電子がみんな同じ電荷、同じ質量をもっているのか、わかったよ。」「なぜなのですか。」「それはね、みんな一つの電子だから!」教授は電話で説明してくれました。「以前の考え方で使う時空における世界線というやつだがね。時間軸の上向きにばかり延びていくんではなくて、上に行ったり下に戻ったりすごくこんがらかった組み紐のようになっているとしよう。そいつを時刻一定の面で切ったら何本も何本もの世界線が見える。つまり、たくさんの電子があるというわけだ。ただね、ある断面で普通の電子の世界線だと思ったものが、向きをかえて未来のほうから戻ってくるときには固有時の符号がちがってしまう。四元速度の符号もだ。でも、これは電荷の符号を変えることと同等だよ。逆戻りの世界線は陽電子のように振舞うことになるのだ。」「でも、先生」と私は申しました。「陽電子は電子ほどたくさんは存在しませんよ。」「そうさな。陽子か何かの中に隠れているんだろう。」私は、すべての電子が実は同一であるという教授のアイディアをまじめには受けとりませんでしたが、しかし、陽電子がたんに未来から過去に向かう世界線の電子として表象されるという洞察には注目いたしました。そのアイディアを私は盗んだのです！

まとめてみますと、これだけ一通りを終わったとき、物理屋として私は二つの儲けをしたのでした。第一に、古典電磁力学がさまざまに異なった仕方で、異なった数学的表式によって定式化できることがわかりました。それぞれの流儀で問題がどう表現されるかもわかったのであります。第二に、新しいものの見方、すなわち時空の全局を見渡す観点をつかみ、ハミルトン式の見方を物理の記述法として重くみないようになりました。

ここで一つ意見をはさんでおきたいと思います。電磁力学がこんなにたくさんの仕方で書き表わせること――マクスウェルの微分方程式、場を入れたいろいろの最小原理、場を用いない最小原理――こういったさまざまの仕方について私はともかく承知はしていたのですが、理解しつくした気持になったことがありません。物理の基礎法則が、発見の当座には一見して同じとは見えないさまざまの形をとり、それにもかかわらず数学的にちょっといじってみると互いの関係がわかってくる。これはいつ考えてみても私には不思議です。その一例は量子力学のシュレーディンガー形式とハイゼンベルクの形式であります。どうしてそうなのか、私にはわかりません。神秘的です。とにかく経験が教える重大な事実なのです。同じことを言い表わすのにつねに第二の方法が存在して、第一の方法とはぜんぜん同じとみえない。その理由を問われても、私には答えられません。自然の単純性の現われといえばよいのかなと思ったりしています。逆二乗の法則にしても、ポアソン方程式の解として表現することもできるわけで、こうすると言い表わしがぜんぜん変わってしまうのです。こんなふうに自然がさまざまのおもしろい形をとるのはいったいどういう意味か、私にはわからない。ただちには同じものの記述とわからないままに、いくつもの異なった記述ができる——おそらく、これが単純性ということなのでしょう。

さて、古典電磁力学の問題は解けたので(粒子間の直接の相互作用だけがあり、場は不必要だという形になったので、M・I・T以来の私のプログラムどおりです)、いまや私は、すべてが解決に向かっていると確信するようになりました。古典理論でしたことを量子論に移しさえすれば、すべてが解決するであろうと思いました。

量子論への移行——径路積分

そこで問題は、古典的な対応としてこの表式(1)をもつような量子論を作ることに絞られたのです。ところで、古典論から量子論をつくる仕方は一通りではありません。どの教科書も一通りのようなふりをしていますが、それはちがう。教科書に書いてあるのは、運動量の変数を捜し出して $(\hbar/i)\,(\partial/\partial x)$ でおきかえろということですけれど、私の場合、運動量がみつからなかった。そんなもの存在しないのでした。

当時の量子力学は、有名なハミルトンの流儀に書くというたちのもので、つまり波動関数が刻々に変化していくありさまを演算子 H でもって微分方程式に表わすのでした。ところが、最小作用の原理からは必ずしもハミルトンの方程式が出ない。作用量が同時刻の位置と速度より以上のものを含んでいるときには出ないわけです。もしも、作用積分が同時刻の速度と位置とのある関数(普通ラグランジアンとよばれる)の積分という形

$$S = \int L(\dot{x}, x)\,dt \qquad (2)$$

をしていれば、ラグランジアンから出発してハミルトニアンを組み立て、量子力学を作り出すことができます。これはまぁ一義的にできるのであります。しかし、あの(1)というやつは二つの異なる時刻における位置を含んでいるので、どうやって量子力学に移るべきか、ただちにはわからないのでした。

私は試みをくり返しました。いろんな方法で格闘をした。その一つはこういうのです。調和振動子が時間遅れのある相互作用をしていると した場合には、基準振動が求まりました。そこで基準振動に対する量子力学は当り前の振動子に対するものと同じだという推測

をたてて、そこからまたもとの変数にもどるということをしたのです。これはうまくいきました。私は調和振動子から他の力学系への拡張をしようと希望していたのですが、ここで思い知らされたことがあります。おそらくたくさんの人々が同じ目にあっているでしょう。調和振動子は簡単にすぎるのです。量子論的にどうなるか非常にしばしば計算ができてしまうのですが、他の系に拡張をするための手がかりはさっぱり得られない。

これは、ですから、あまり助けになりませんでしたが、この問題と格闘していたときのこと、私はプリンストンのナッソウ酒場のパーティに行きました。そこにヨーロッパからやってきたばかりの紳士ヘルベルト・ジェール(Herbert Jehle)がいて、私の隣に来てすわりました。ヨーロッパの人々は私どもアメリカ人よりずっとまじめでありまして、頭を使って議論する格好の場所はビア・パーティであると心得ています。で、彼は私の傍にすわってたずねるのでした。「君は何をしているのかね?」「ビールを飲んでます。」そう答えてから、私は彼が私の仕事について知りたがっているのだと気づき、これこれの問題と格闘していますと話しました。彼のほうを向いて、「どうでしょう、作用積分から出発して量子力学をやる方法を何かご存知ありませんか? 量子力学に作用積分が入ってくるようなやつです。」「いや、知りませんな」と彼はいいました。「しかし、ディラックの論文があって、そこではすくなくともラグランジアンが量子力学に入ってきています。明日にでもその論文をお目にかけましょう。」

翌日、私どもはプリンストンの図書館に行きました。わきのほうに議論のための小部屋がありますが、そこで彼はその論文を見せてくれました。ディラックがいっていたのは、つぎのようなことです。量子力学には、ある時刻の波動関数を別の時刻に移すはたらきをする重要な量がある。微分方程式ではないが、それと同等なもので積分核の形をしている。それを $K(x', x)$ とよぶことにすれば、これは時刻 t に与えられた波動関数 $\psi(x, t)$ を時刻 $t+\varepsilon$ の波動関数 $\psi(x', t+\varepsilon)$ に写す。ディラックが指摘したのは位置 x, x' が、t と $t+\varepsilon$ に対応するとき、この関数 K が、古典力学におけるラグランジアン $L(\dot{x}, x)$ に $i\varepsilon/\hbar$ を掛けて指数関数の肩にのせたものに似ているということです。すなわち

$$K(x', x) \quad \text{が} \quad \exp\left[\frac{i\varepsilon}{\hbar} L\left(\frac{x'-x}{\varepsilon}, x\right)\right] \quad \text{に似ている。}$$

ジェール教授がこの論文を示し、私が読み、彼は説明を加え——そして私がこういいました。「似ているといったのは、ディラック先生どういうつもりでしょうかね。〃似ている〃ということの意味はなんですか？　そんなことといってなんの役に立つのでしょう？」彼がいったのは「アメリカ人は困ったものだ。何を見ても使い道ばかり気にして！」私は、ディラックが二つは等しいというつもりだったにちがいないと思って、彼にそう申しまし

た。「いや、いや」と彼。「等しいなんてディラックはいっていないよ。」「よろしい。もし等しいとしたらどうなるか、まあやってみましょう」と私。

そこで、私は最も簡単な例としてラグランジアンが $\frac{1}{2}M\dot{x}^2-V(x)$ というのをとり、単純に二つを等しいとおいてみた。すぐに、比例定数 A を入れて適当にこれを調節する必要のあることがわかりました。K の代りに $A\exp\left[\frac{i\varepsilon}{\hbar}L\right]$ を用いたら

$$\psi(x', t+\varepsilon)=\int A\exp\left[\frac{i\varepsilon}{\hbar}L\left(\frac{x'-x}{\varepsilon}, x\right)\right]\psi(x, t)\,dx \qquad (3)$$

が得られましたが、テイラー展開を用いて計算を実行してみると、シュレーディンガー方程式が出てきたではありませんか。私はジェール教授のほうに向き直って、よくはわからぬままにこういいました。「このとおり。ディラック教授は二つが比例しているというつもりだったのです。」ジェール教授の目がとび出した。——彼はちっちゃな帳面を取り出し黒板の計算を写しとっていいました。「いや、いや。これは重大な発見だ。君たちアメリカ人はいつも物の使い方を考える。これは新発見のよい方法だ！」ディラックの真意を読みとったつもりが、実はディラックが似ていると思ったものが本当は等しいのだという発見をしたことになったのです。これで少なくともラグランジアンと量子力学との橋渡しはできたのですが、しかし無限小の時間だけ離れた波動関数という制約つきのことであり

ます。

有限の時間だけ後の波動関数を計算したいときにはどうしたらよいか。これを考えたのは、たしか一日かそこらあと、ベッドに横になっていたときです。

まず因子 $\exp[i\varepsilon L/\hbar]$ を使うとつぎの瞬間 $t+\varepsilon$ の波動関数が得られる。その結果をもう一度(3)に入れると $\exp[i\varepsilon L/\hbar]$ がまた掛かってつぎの瞬間 $t+2\varepsilon$ の波動関数が得られる。以下同様。こうして、無数の積分をつぎつぎに行なうことを考える羽目になりました。被積分関数は指数関数の積で、これはもちろん εL のような項の和の指数関数になります。ところが L はラグランジアンで ε は時間間隔 dt みたいなものですから、εL の和は正しく積分の形です。これは積分 $\int L dt$ に対するリーマン和というわけで、各点の値を加えているのです。もちろん $\varepsilon \to 0$ の極限をとらなければなりません。こうして、ある時刻の波動関数と有限時間だけ後の別の時刻の波動関数との関係は、表式(2)の作用積分 S から $iS/\hbar$ の指数関数をつくり無限個の積分(もちろん $\varepsilon \to 0$ にするからです)をくり返すことによって得られるという結果になりました。遂に、量子力学を作用積分 S によって直接に表わすことに成功したのです。

この形から後に径路に対する確率振幅という考えが生まれました。すなわち、粒子が時空のある点から別の点にいく可能な道のそれぞれに確率振幅が付随するのです。この振幅は径路できまる作用積分に $i/\hbar$ を掛けて指数関数の肩にのせたもので与えられる。そして、いろいろの径路からくる振幅は加法によって、重ね合わせることができます。こうして、量子力学を記述する第三の方法が得られたわけで、これはシュレーディンガーやハイゼンベルクのものとまったく別物のように見えますけれども、実際はそれらに同等なのです。

この結果について二、三のチェックをすませたあと、私がただちに作用積分(2)の代りに(1)を使うことを考え始めたのはもちろんです。最初の困難はスピン1/2の相対論的の場合がうまくいかなかったこと。それで非相対論的の計算しかできませんでしたが、しかし(1)の相互作用項を作用量に代入し、質量の項は非相対論的な $\left(\frac{1}{2}M\dot{x}^2\right)dt$ でおきかえることによって、光あるいは光子との相互作用は、完全にうまく扱うことができました。作用が遅れをもち二つ以上の時刻による場合——いまの問題がそれですが——には波動関数が意味を失います。すなわち、プログラムを、ある時刻のあらゆる場所の波動関数を与えられて別の時刻の波動関数を求めること、というふうに言い表わすことができなくなるのです。でも、それはたいした問題ではありませんでした。たんに新しい考えが展けたというだけでした。波動関数の代りに、こういう言い方をすればよかったからです。何かある源が粒子を放出する、それを別の場所の検出器が受けとる。そこで源が放出して検出器が受けとるという確率振幅を考えることができます。これを源が放出をする時刻、検出器が受けとる時刻をきっちりとは指定しないで行なう。また、途中の時刻における状態も指定しない。つまり、実験の全体をひっくるめて確率振幅を考えるのであります。これでも、間に散乱体を入れたときに振幅がどう変わるか、回転をして角度を変えたらどうか等々といった議論にはいっこうさしつかえがありません。波動関数なしでもすむわけです。

このように一般化した作用量に関して、エネルギーや運動量といった古い概念が意味するものは何か、これを見出すことも可能でした。これで古典電磁力学、というよりむしろ作用(1)で記述される新しい古典電磁力学から量子理論に移ることは出来上りだと私は思いました。数多くのチェックをしたのはもちろんです。フレンケルの場の観点からすれば、これはずっと微分的であったことをご記憶と思いますが、量子力学への移行は慣習的のやり方でできるのでした。唯一の問題は、先進ポテンシャルと遅延ポテンシャルを半々に使う古典論の境界条件を、量子力学においていかに表現するかにありました。それも、その意味するところをはっきりさせるうまい方法を考えて特別の境界条件を付加すれば、フレンケル場を使った量子力学からして遅れを含んだ量子力学の新しい形式における作用(1)を導き出せることがわかったのです。いろんなことから考えて、すべてが解決したことに疑いの余地はないと思われました。

電磁力学を変更することも、もしだれかが望んだらの話ですけれど、どうすべきかの推測をたてることは容易でした。古典論でしたようにデルタ関数を f にかえるのも一法です。場をあからさまに使うことなしに遅れを入れた前の形の理論を記述するのには、確率振幅だけでなく、確率の式を書く必要が生じましたが、それは振幅を二乗するだけのことで、結果として二つの S を含んだ二重径路積分がでてきます。しかし、こんな具合に計算を続け、いろんな形、いろんな境界条件を調べてゆくうちに、どこか変なところがあるぞという奇妙な感じがし始めたのです。何が問題なのかはっきりとはわからないまま、結着がついたような気になったある短い凪の期間に、私は学位論文を出版して Ph. D. をとりました。

相対論的な量子電磁力学へ

戦時中は、この問題をあまり手広くやる時間もありませんでした。バスに乗っているときやなにか、小さい紙片をもってあれこれと思いをめぐらして、この問題を考えるべく努力をいたしました。そして、確かにまちがい、それも何かひどいまちがいのあることを見出したのです。わかったことは、作用をちゃんとしたラグランジアンの形(2)から例の(1)に拡大解釈すると、エネルギーやなにかとして定義したつもりでいた諸量が複素数となる。

定常状態のエネルギーが実数にならないので、事象の確率がすっかり合計しても一〇〇パーセントにならない。すなわち、これが起こる確率あれが起こる確率という具合に、考えられるすべての場合について確率を加え合わせても1にならないのでした。

もう一つ、私が力をつくして格闘したのは、新しい量子力学の言葉で相対論的な電子を表現する問題でした。私はこれまでとは異なる独特の方法で表現をしたかったので、たんにディラックの演算子を何かの形に引き写し、普通の複素数の代りにディラック代数を使うといったことでは嫌だったのです。空間を一次元にした場合、光の速さで行ったりもどったりする径路に限れば、そのあらゆる径路に確率振幅を対応させる方法をみつけることができたので、私は大いに勇気づけられました。その振幅は簡単で、時間を ε の幅に刻み、その時刻でだけ速度の逆転が起こるとしたとき $i\varepsilon$ を n 乗したものになる。n は速度の逆転の回数です。こうすると（εを0に近づけたときに）空間一次元、時間一次元の二次元の時空におけるディラックの方程式が出てまいります（$\hbar=M=c=1$）。

四次元の時空ではディラックの波動関数は四つの成分をもっています。しかし、二次元の時空では成分は二つです。そして、二つの成分の必要なことが径路に対する確率振幅の計算規則から自動的に出る。なぜかと申しますと、径路に対する振幅の計算規則が上に述べたようなものであるとすれば、ある点に到達した総振幅がわかっても、それからつぎの点に伝わる振幅は求まらない。右に進んできた振幅ならさらに進むとき $i\varepsilon$ は掛からないが、反対に左に進んでこの点にやってきた分には、右向きにかわるとき $i\varepsilon$ が掛かるのです。だから、一歩を進めるのに総振幅の知識だけでは不十分で、左からきた分、右からきた分を別々に知らねばならない。それが別々にわかれば、一歩進んだ点でも二つが別々に知れる。というわけで、微分方程式(時間につき一階)を書き下すのに二つの振幅がいることになります。

そこで、十分に賢くさえあれば、空間が三次元、時間が一次元の場合にも径路の振幅に対して美しくて単純な公式を見出すことができるだろうと夢みたのであります。それができたら、方程式はディラックのに等価となり、成分は四つ、そして行列その他、数学的の奇妙な道具立てがことごとく単純な帰結として引き出せるだろう。しかし、これにはいまだに成功しておりません。不成功でも、成功したのと同じくらいの努力を費やしたことで、やはりこれもお話しておきたいと思った次第です。

こうして何年かたったときの状況をまとめてみますと、要するに量子電磁力学について多くの経験を積んだということで、すくなくとも、径路積分やら何やらいろいろ異なった仕方で定式化することを知ったのです。この単純な形式について経験を積んだことの副産物のうち重要なものの一つは、たとえば、当時は縦波・横波とよばれていたものをいかにしてまとめて扱うかが見やすくなったこと、一般にいって理論の相対論的な不変性が一目瞭然になったことであります。微分的にものを考えようとしたために、標準的の量子電磁力学では場を二つに分け、一方を縦波部分、他方は光子によって表現される横波の部分としていたのです。縦波部分はシュレーディンガー方程式のなかで遅れなしに作用するクーロン・ポテンシャルとして表わされ、横波部分は量子化をされ完全に異なった描述を与えられておりました。ところが、この分離の仕方は相対論的に座標軸を回転すると変わってしまう。同じ場でも、見る人の動く速さによって縦と横の部分が異なって見えるのです。また、量子力学を全体としてみても、刻々の波動関数に固執する以上、相対論的の分析は困難なのでした。異なった座標系の観測者は、時空の異なった切り口で見た波動関数を用い、また場も縦波・横波部分の異なった分割をして、事象の時々刻々の継起を計算することになるわけです。ハミルトン式の理論は、内容はもちろん相対論的不変なのに、形の上では不変にみえない。全局を眺め渡す観点が有利な理由の一つは、相対論的不変性が一目でわかることであります。シュヴィンガー(J. Schwinger)なら共変性があからさまに表に出ているというでしょう。私は量子電磁力学に対してあからさまに共変的な理論をもっているという優利な立場におり、理論の変更なども容易でした。他方、それを額面どおりに受けとるとエネルギーが複素数になったり、確率の総和が1にならなかったりという不利もありました。私はこれらの点について成功のない格闘を続けていたのです。

実験との出会い——ラム・シフト

このころラム(W. E. Lamb)がかの有名な実験をしました。水素原子の $2S_{1/2}$ と $2P_{1/2}$ 準位の分離を測定し、それが振動数にして一、〇〇〇メガサイクルにあたることを見出したのです。私が、当時その下で働いていたベーテ教授(H. A. Bethe)は、実験から信頼できる数値がでてきたら、それを理論ではじき出さなければ気がすまぬという特性をもっていました。そこで、教授は当時の量子電磁力学を無理に使って、二つの準位の分離を計算したのです。彼が指摘したことは、電子の自己エネルギーはそれ自身たしかに無限大になるから、原子内に束縛された電子のエネルギーを計算してもやはり無限大になる。しかし、二つのエネルギー準位の差ならば、古い質量の代りに補正した質量を使って計算をしても、あるいは有限になるかもしれぬ。理論は収束する有限の答を与えるかもしれぬ、と教授は考えたのです。この考えで分離を計算したら結果はなお発散でしたが、彼は、これはたぶん、電子に対して非相対論的の理論を用いたためであろうと推測しました。相対論的に計算をしたら収束になると仮定して彼はラム・シフトに対して一、〇〇〇メガサイクルくらいの値が出るだろうと当りをつけた。これが量子電磁力学における大発見になったのであります。彼はこの計算をニューヨーク州のイサカからスケネクタディに行く列車のなかで行ない、スケネクタディから興奮して私に電話をかけてよこしました。計算の結果を聞いても、そんなに感心したという記憶はありません。

コーネルに帰ってから教授はこの問題について講義をし、それに私も出席しました。彼は、質量の無限大の変化に応じた補正をしようとしても、どの無限大が何に対応するのか正しく見きわめるのはたいへんにややこしいことになる、ということを説明しました。彼がいったことはこうです。何か改造の仕方があれば、それは物理的に正しくなくてもよいのだが（自然の実際の振舞いと必ずしも同じでなくてよい）、なんでもよいから、高い振動数のところに変更を加えてこの補正を有限にすることができれば、いちいち無限大の尻を追いまわす工夫をしないですむ。電子の質量 m_0 に対する有限な補正 Δm を算出しておき、他のいろんな計算の結果に現われる $m_0+\Delta m$ のところに実験値 m を代入すれば、いまわしい不定性がぜんぶ除けるのだ。そのうえ、計算法がもし相対論的不変ならば、結果もまた不変になるという絶対の自信がもてる。

講義のあとで、私は教授のところに行ってこう申しました。「お望みのことをして差し上げられます。明日もってまいりましょう。」私は当時、人々に知られていた量子電磁力学の改造法ならことごとく承知していた、と思います。翌日、教授の部屋に行ってデルタ関数をfにおきかえる考えを話し、彼にたとえば電子の自己エネルギーはどうやって計算するのか教えてくださいと頼みました。それがわかれば、有限の答が出るかどうか試すことができます。

ここに一つおもしろいことがあるので、聞いていただきたい。私は、ジェール教授のくれたどうすれば役に立つか考えよという忠告に従わなかった。せっかく料理をした計算法を、私はただの一度も相対論的の問題を解くのに使ったことがなかった。そのときまで電子の自己エネルギーさえ計算せずに、ただ確率の保存にまつわる困難などに頭を悩ませるばかり。理論の一般的性質を議論する以外のことを何もしなかったのです。

しかし、いまやベーテ教授の部屋。私といっしょに計算をしながら、教授が黒板で電子の自己エネルギーの求め方を説明する。その当時までは、必要な積分をすると対数的に発散するということになっていました。私は教授に相対論的不変な改造法を説明し、これですべてうまくいくはずだと申しました。ところが、積分の式を書き下してみたら、対数的どころか、振動数の六乗で発散！

そこで私は自分の部屋に戻り、いったいどうしたことかを考え始めました。物理的にはすべてが有限に出るという確信があったものですから、どこがまちがいか捜してもどうどうめぐりをするばかり。なぜ無限大が出たのか理解のできないことでした。興味はますますつのる一方。そして遂に、私は計算法を学ばなければいけないと悟ったのです。負エネルギーの状態とか、空孔とか縦波の寄与とかについて当時の目もあてられぬ混乱の中を、私の流儀で頑張り通し、電子の自己エネルギーの計算法を自習しました。やっとやり方をみつけ、私が提案しようと思っていた改造を加えて計算をしたら、結果は予想したとおり収束して有限となりました。二カ月前に黒板でベーテ教授とした計算のどこでまちがいをしたのか、二人ともとうとうわからずじまいになっています。どこかで足を踏みはずしたにはちがいないのですが、それがどこだったのか、いまだにわかりません。とにかく、私が提案した方法は、計算さえまちがいなくやり通せば、まったく正しく有限の補正を与えることがはっきりしました。この事件のために、私はもういちど出発点から考え直し、物理的にいって確かにまちがいの余地がないことを自分に納得させなければならぬ羽目に落ちたのです。それはともかく、質量の補正はいまや有限で、δの代りに入れたfの広がりをaとして、$\ln(ma/\hbar)$ に比例することになりました。もしも、改造なしの電磁力学にもどりたければaをゼロとおくわけですが、そうすると質量補正は無限大です。でもそれはいま問題ではない。aを有限にしたままで、私は、ベーテ教授が概要を述べたプログラムに従っていろんな量の計算法を組み立てたのです。電子が輻射なしに原子に散乱される過程、エネルギー準位のずれなど、あらゆるものは、質量の実験値で表わすと、その形では結果がベーテ教授の示唆したとおり a にほとんどよらなくなり、$a \to 0$ の極限が有限にさえなるのでした。

勘に頼った一般化

これだけすんでしまうと、後はそれまでの計算技術を改善したり、摂動計算をてっとりばやく処理するためにダイヤグラムを考案するくらいが仕事でした。そのほとんどは当て推量で行なった。なにしろ物質に対する相対論的の理論はなかったのですから——。一例をいえば電子の速度。非相対論的の公式にでてくる速度はディラックの行列 α でおきかえる、もっと相対論的な形にするには演算子 γ_μ でおきかえるのがしごく当然と思われました。私は、物質を非相対論的に光を相対論的に扱った径路積分の計算結果から、勘をはたらかせて推定をしたわけです。相対論的の場合に移行するには何をどうおきかえればよいか、その規則を作り上げるのは容易でした。縦波と横波を別々に扱ってゴッチゴッチ計算をしてやっとのことで求められていた結果が、横波だけの公式からいとも簡単に得られてしまう。偏光の互いに垂直な二つの方向についてだけ和をとるのでなく、可能な四つの方向すべてにわたって和をとることにすれば、あらゆる場合にうまくいくのです。当時このことが知られていなかったとわかったとき、私は非常に驚きました。作用(1)の形から見てそれはあまりにも当り前のことだったので、私はつねにこの方式で計算をした。他の物理屋さんたちがこれをご存知ないなんてゆめ思わなかったものですから、断わりなしにこれをやって、よく問題になりました。しかし、縦波を入れて辛棒づよく計算を進める彼らの流儀は、横波の偏光状態に関する和を二つの方向から四つの方向すべてに広げる流儀とつねに同等だったのです。こいつは愉快でした。私の計算法の利点というわけです。私はさらに、摂動級数の各項に対するダイヤグラムを作り、記号を改良し、いまの問題に現われる積分の簡単な計算法を編み出し、という具合にして、結局、量子電磁力学の使い方のハンドブックを作り上げました。

もっとも、物理的に新しいことで重要な進歩が一つだけありまして、それはディラックの負エネルギー電子の海に関するものです。これは論理的にたいへんな困難を起こしていたもので、すっかり混乱してしまって、私は、陽電子はもしかすると時間を逆行する電子であるかもしれないというホイーラーの以前のアイディアを思い起こしました。自己エネルギーの計算には時間変化を追跡する摂動論を使うのが普通でしたから、そこで時間の逆行ができると単純に仮定して、時間変数を後向きに動かしたらどんな項が余分に出てくるか調べてみたのです。その結果は、人々が電子の海にできた孔という考えでやっかいな計算をして求めていたものと同じになりました。符号が多少ちがっていたかもしれませんが、それを私は、初めのうち規則を考えては試してみるというやり方で経験的に定めることにいたしました。

要するに、私が申し上げたかったのは、相対論的理論のあらゆる改良が、初めはまぁ直観的の推測を逞しくする半経験的のいかさまであったということです。しかし、何か発見をするたびに、私はもとにもどってたくさんのチェックを行ない、電磁力学(そして後には中間子の弱結合理論)で以前に解かれていた問題にいちいち当たってはつねに答が一致することを確かめるようにして、計算を簡単化するために私がでっち上げた方式や規則の正しさを完全に納得するまでやめなかったのであります。

計算方式の完成——中間子論への応用

このころ、人々は中間子論を展開しておりました。これは詳しく勉強したことのなかった問題ですが、私の方法が中間子論の摂動計算にも応用できるかもしれぬという興味がわいてきました。しかし中間子論とはなにものであるか？　私が承知していたのはこれだけです。中間子論はなにか電磁力学に似たもので、ただ光子に相当する粒子が質量をもっているという点がちがう——。例の(1)式のδ関数は、これはダランベルシャンをかけるとゼロになるものだから、中間子論の場合にはダランベルシャンをm^2に等しいとおいた方程式の解でおきかえなければいけない。これはただちに見当がつきました。つぎに、中間子にはいろんな種類があって、一つは光子によく似たものでγ_μ型の相互作用をし、ベクトル中間子とよばれる。スカラー中間子というのもあるそうだが、これはおそらくγ_μの代りに1をおくことだろう。またギ・ベクトル型の相互作用はこんなものかな——という具合に当て推量をしました。その辺の論文に書いてある定義を理解するだけの知識は私にはなかったのです。当時それは生成・消滅の演算子というもので表わされておりまして、これが一度は習ったのですけれど、理解できなかった。よく覚えていますが、生成、消滅の演算子について授業が始まって、これは電子を創る演算子ですと先生がいったとき、私は聞き返したものです。「電子を創るですって? どうやるのですか。電荷の保存則に矛盾するじゃありませんか!」こんなわけで、私はこのたいへんに便利な計算方式に心を閉ざしてしまったのでした。仕方がない。いろんな理論がそれぞれどういうものか私が正しい推定をしていることを確かめるため、機会あるごとにテストを繰り返すほかないのでした。

ある日のこと、物理学会の講演会で、電子と中性子の相互作用を調べたスロトニク

(Slotnik)の計算をめぐって論争が起こりました。彼はギ・ベクトル型の相互作用をもつギ・スカラー理論と、ギ・スカラー型の相互作用をするギ・スカラー理論の二つを比べて異なる結果を得たのです。一方の理論では結果が発散するのに、他方では収束でした。ところが二つの理論は同じ結果を与えると信じている人々がいたのであります。これら二つの相互作用を、私が本当に理解しているかどうか、私の推定をテストする絶好の機会が訪れたわけです。私は家に帰り、一晩かかって、ギ・スカラー相互作用とギ・ベクトル相互作用との場合について電子‐中性子散乱を解き、結果の異なることを確かめて、その差を詳しく計算しました。翌朝、会場でスロトニクをつかまえて「スロトニクさん、ゆうべ計算をしてみたのですが、あなたの答と合っているかどうか」と尋ねました。「二つの相互作用で異なる答がでましたが、私の計算法がまちがってないことを確かめたいので、あなたの結果と詳細に比較させていただけませんか。」すると、彼はびっくりして「なんですって？　ゆうべ計算をなさった？　私は六カ月もかかったのですよ。」結果を比べる段になると、彼は私のを見てこう尋ねました。「ここにあるQというのはなんですか。この変数 Q は？」(私の結果には $(\tan^{-1}Q)/Q$ といったものがでてきていたのです)。私は答えました。「電子の運動量変化ですよ。電子がいろんな角度に曲がりますから。」彼はまたびっくりして「冗談じゃない。私は Q がゼロになる極限しか計算してありません。前方散乱の場合です。」よろしい。私の結果でQをゼロとおくのは簡単です。それで彼の答と同じになりました。しかし、彼は運動量変化ゼロの場合だけ計算するのに六カ月かかった。私は一晩で任意の運動量変化に対する計算をすましてしまったのです。あのときは感激でした。ノーベル賞をもらったときみたいに胸がわくわくしました。私が計算方式と技術を完成したことは、いまやはっきりしたからです。他の人が手を出しかねていることをちゃんとやりとげる方法を理解した、このことがはっきり納得できたからです。これは、価値あるものの創造に本当に成功したことがわかった勝利の時でありました。

この段階で、私はこれを公表するようにと強く求められました。計算を容易にするらしいとだれもが考えて、その方法を知りたがったわけです。私は二つのことをし残したままで発表をしなければなりませんでした。その第一は、ひとつひとつの命題を普通の数学的の意味で証明することです。人々の見慣れた電磁力学から出発して計算規則や方程式を証明することは、多くの場合に、物理屋を満足させる程度にさえできていませんでした。私は、経験によって、またあれこれをひねくりまわすことによって、実際、なにもかも普通の電磁力学と同等なことを知っており、また部分的の証明ならたくさんの断片について持っておりましたが、しかし、腰を落ちつけて、ユークリッドがギリシアの幾何学者たちのためにしたように、すべてが簡単な公理系から引き出せるという体の確認をしたことはなかったのです。そのために私の論文は批判を受け、好意か悪意か知りませんが、私の〝方法〟は〝直観による方法〟とよばれることになりました。おわかりにならぬ方があるかもしれませんから申しますが、この〝直観による方法〟をまちがいなく使うのには非常な手間がかかるものです。公式や概念になにひとつ単純明快な証明がないのですから、既知のことに比べたり、類似の場合を引き合いに出したり、また極限の場合を検討したりして、整合性や正しさを何度も何度もチェックしなければなりません。直接の数学的証明がないため、論点を踏みはずさないよう極度に注意深く細心でなければならず、またできるだけたくさんの公式を導き出して調べるという努力を永久に続けざるをえないのです。それでも、証明できることよりはるかに多くの真理がみつけだせるものであります。

この間の仕事を通して、私は遅れの相互作用をもつ普通の電磁力学を用いたので、例の(1)に対応した先進と遅延が半々になっている理論を用いたのでないことを明確にしておかなければなりません。例の(1)式はいろんな式を推測するのに使っただけなのです。その一例はδを広がりa^2をもった関数fにおきかえることで、その結果あらゆる問題の答が有限になったわけでした。このお話をしますと、私が論文を発表したとき欠けていた第二の論点が浮かんでまいります。とうとう解決のつかなかった難題です。δをfでおきかえると計算の結果が〝ユニタリー〟にならない。すなわち、確率をあらゆる可能性にわたって加え合わせても1にならないということです。もっとも、1からのはずれは、aさえ十分に小さければ実際上はたいへんに小さい。aを小さくした極限では問題にならなくなります。ですから繰り込みの操作を行なうことができて、計算の結果を質量の実験値で表わしてから$a \to 0$の極限をとれば、ユニタリー性が破れているという困難はさしあたり消えるようにみえます。その一般的な証明は私にはできなかったのですが、実際に計算できる範囲ではそうなるのでした。

ここのところがきちんとできるまで待たなくてよかったと思います。なぜかといえば、私の知るかぎり、今日までだれもこの問題の解決には成功していないからです。中間子論では相互作用がもっと強いのですが、その場合とか、強く相互作用するベクトル光子の場合とかの経験から考えると、相互作用が強くなったり、摂動の高次の計算をしたり(電磁力学の摂動論では137次)した場合には、極限においてもこの問題は残り、本質的な困難ということになりそうです。なにも証明したわけではありませんけれども、経験によって私はそう信じております。つまり、満足のいく量子電磁力学は存在しないと思うのです。確信があるわけではありません。私は、強い相互作用の理解がいま遅々として進まないのは、なんでも計算をしてみられるような相対論的の模型ができていないためだと思います。普通は、困難は〝強い〟相互作用の計算が容易でないというところにあるといわれていますけれども、私は、強い相互作用の場の理論が解をもたない、つまりは意味をもたないのだと信じています。無限大がでるか、あるいは改造を加えて無限大を抑えると、そのためにユニタリー性が破れるか、このどちらかなのでしょう。相対論的量子力学の模型は、よし実験に合わなくても、すくなくとも論理にかない、あらゆる場合について確率を加えると一〇〇パーセントになるようなものという条件をつけたら、完全に満足なものが存在しようとは思われません。私は、ですから、繰り込み理論は量子電磁力学の発散の困難を敷物の下に掃きこんで隠しているにすぎないと思うのです。もちろん、確信があるわけではありません。

ふりかえって明日を思う

これで、時空全局を眺め渡す流儀で、量子電磁力学をみる見方の発展についてのお話はおしまいです。これから学びとれることが何かありますか、どうか。私は疑問に思います。この研究の途上で発展させた考え方が、ほとんど全部、最後の結果には使われていないというのは驚くべきことです。たとえば先進・遅延が半々のポテンシャルは結局つかわれないことになりました。作用の表式(1)も使われていません。電荷は自身に作用しないというアイディアは破棄されました。量子力学の径路積分による定式化は、最終の結果を推測し、量子電磁力学の一般理論を新しい仕方で定式化するのには役立ちましたけれど、厳格にいえば絶対に必要というものでもなかったのです。同じことは、陽電子が時間を逆にたどる電子であるというアイディアについてもいえます。なぜかといえば、それは負エネルギーの電子の海という見方と同等だからであります。

非常にたくさんの異なった物理的の観点があり、いろいろの数学的定式化があって、実は互いに同等であるという事実は、驚くべきことです。ここで用いてきた、物理的の考えによる推論というものは、ですから、極度に非能率的なものであります。この仕事を省みて、私は後悔の念にとらわれるのですが、大がかりな物理的の推論を行ない、数学的の書き改めをして、結局やったことといえば以前からわかっていたことを言いかえたにすぎない。もちろん、新しい形式はある種の問題に適用すればずっと能率的にいきますが、とにかく言いかえにはちがいありません。能率的の言い表わしをめざして数学の枠内で考えを進めるほうが容易だったのではないでしょうか？　それはそうかもしれません。しかし、実際に解いた問題ではつまり言いかえでしかなかったとしても、最初に取り組んだのは普通の理論から無限大を除く問題であった(これはまだ解かれていないでしょう)。つまり、ただの言いかえではなくて新しい理論を捜そうとしたわけなのです。探索は不成功に終わりましたが、私どもは、新しい理論を作ろうとするとき物理的のアイディアがもつ価値について考えてみなければなりません。

たくさんの異なった物理的の概念で同一の物理的実在を記述することができます。古典電磁気学は場の見方、遠隔作用の考え等々で記述できる。そもそもマクスウェルは空間を遊び車で埋めつくし、ファラデーは力線で埋めたわけですが、マクスウェルの方程式それ自身は汚れのないもので、物理的の記述に躍起になって作った言葉の綾には無関係なのです。真に物理的の記述は、方程式に入っている諸量の実験的の意味を述べること――もっと正確にいえば、実験・観測の結果を記述するのに方程式をいかに用いるべきかをいうことであります。そうだとしたら、最良の方法は方程式を推測で捜すことで、物理的の模型による記述など無視すべきだということになるでしょう。たとえばマッカラフ(McCullough)は、結晶のなかを伝わる光に対して正しい方程式を探り当てましたが、それは、彼の仲間たちが結晶の弾性模型を用いて現象の理解に達したのよりはるか以前でした。また、ディラックは電子を記述する彼の方程式をほとんど純粋に数学的の命題から導いたのです。この方程式の意味するところすべてを理解させてくれる単純な物理的な見方は、いまだに得られておりません。

こういうわけで、私は、方程式を推測で探ることが、物理学の今日なお未知の部分に対する法則を得るための最良の方法ではないかと思います。しかし、私自身もっと若かったころこの方程式捜しを試みましたし、また多くの学生がそれを試みるのを見てまいりましたが、ひどくまちがった、とんでもない方向に道を踏みはずすことが多いものです。思うに、問題は発見にいたる〝最良の〟あるいは最も能率的の方法を見つけることではなくて、なんでもいいから一つ道を捜し当てることのようです。ある種の人々にとっては、物理的の推論が、未知のことをいかにして既知のものに結びつけるかの暗示を得る助けになります。既知のものに関して、異なった物理的の概念で記述されるいくつもの理論がある場合、それらはすべて同等の予言を与え、したがって科学的には区別できないかもしれません。しかし、既知を離れて未知の領域に分け入ろうとする際には、心理的に同じではない。異なった観点からは理論に加えるべき改造について異なった示唆が得られ、したがって、まだ理解の届いていないことを理解しようと努めるとき、立てる仮説が同等でなくなるはずであります。ですから、私は思うのですが、今日のすぐれた理論物理学者なら、同一の理論(たとえば量子電磁力学)に対してさまざまの物理的観点、さまざまの数学的表現をもっていることが有用だと考えるでしょう。これは一人の人間に対する要求としては大きすぎるかもしれません。それならば、新しい学生たちが、クラスとしてこうなるべきです。学生の一人一人が電磁力学や場の理論について流行の同じ表わし方をし、同じ考え方をするのでは、たとえば、強い相互作用の問題で彼らが思いつく仮説のバラエティが限られてしまう。真理は流行の方向にある確率がおそらく大きいのでしょうから、それも結構といえるかもしれません。しかし、小さい確率にもせよ真理は別の方向に――場の理論の時代ばなれした考え方をしたときに明瞭に見出されるような方向にあるかもしれない。だれがそれを見つけるでしょうか？　自分を犠牲にして量子電磁力学を風変りな普通でない観点から――その観点は彼が自分で考え出さねばならないのかもしれませんが――自習をした人だけであります。あえて犠牲と申しましたのは、何も探り当てずに終わるのが最もありそうなことだからです。真理はもっと別の方向にあるかもしれない。ことによると当世流行の方向にさえあるのかもしれないのです。

しかし、私の経験がいくらか指標になるとしたら、犠牲はそんなに大きくないと考えられます。なぜかといえば、風変りの観点でも、既知の領域で実験的に普通のものと本当に同等であれば、つねに一定の適用範囲があって、そこではこの特殊の観点が考えを特別に強力にかつ透明にするものだからです。これは、それ自身として価値のあることでありま す。さらに、新しい法則を捜し求める際にはつねに、いま考えているこのおもしろい可能性にはおそらくだれも気づいちゃいないだろうという心理的興奮を味わうことができるのです。

さて、青年時代の私が恋におちたあの理論はいまどうなっているでしょう？　そう、もういい年のおばあさん。魅力はあせて、今日の若者たちは彼女を見てももはや胸の高鳴りを感じません。しかし、私どもはこのおばあさんに最上の賛辞を捧げることができます。彼女はたいへん良い母親でありました。彼女は何人かの非常に良い子供を産みました——。彼らのうちの一人に祝福をくださったことについて、私はスウェーデン王立科学アカデミーに感謝いたします。どうもありがとうございました。

本書は一九六八年、ダイヤモンド社から刊行された。

人名索引

アインシュタイン　Albert Einstein　44
アダムス　John Couch Adams　28
イェンセン　Hans Daniel Jensen　237
エートヴェッシュ　Baron Roland von Eötvös　40

ガリレオ　Galileo Galilei　19, 145
キャベンディッシュ　Henry Cavendish　37
ケプラー　Johann Kepler　16

サルピーター　Edwin Salpeter　188
ジェール　Herbert Jehle　302
シュヴィンガー　Julian Schwinger　311
シュレーディンガー　Edwin Schrödinger　196, 250

ディッケ　Robert Henry Dicke　40
ディラック　Paul Adrien Maurice Dirac　82, 282, 303

ニュートン　Isaac Newton　19

ハイゼンベルク　Werner Heisenberg　196, 219, 250
ハイトラー　Walter Heitler　282
パストゥール　Louis Pasteur　150
ファラデー　Michael Faraday　50, 88, 249
フーコー　Jean Bernard Léon Foucault　146
ブラーエ　Tycho Brahe　15
フレンケル　J. Frenkel　294
ベーテ　Hans Albrecht Bethe　312
ポアンカレ　Jules Henri Poincaré　138, 142
ホイーラー　John Archibald Wheeler　287, 317
ホイル　Fred Hoyle　188

マクスウェル　James Clerk Maxwell　82, 137, 249, 326
ミンコフスキー　H. Minkowski　141
メイヤー　Maria Mayer　237

メンデレーフ　Dmitrii Ivanovich Mendeleev　237
モリソン　Philip Morrison　152

ヤン　Chen Ning Yang　154
湯川秀樹　245

ラム　Willis Eugene Lamb　312
リー　Tsung Dao Lee　154
ルヴリエ　Urbain Leverrier　28
ル・サージュ　Le Sage　53
レーマー　Olaus Roemer　26
ローレンツ　Hendrick Antoon Lorentz　286

ワイル　Hermann Weyl　126

事項索引

何度もでてくる項目で，比較的くわしい説明があるページ数をイタリックで示した．

ア 行

アインシュタインの因果律 Einstein causality 44, 77
運動量の保存則 law of momentum conservation 121
映画の逆まわし running moving picture backwards 164
エネルギーの保存則 law of energy conservation 100, 182
遠隔作用 action at a distance 44, *71*, 284, 287
エントロピー増大の法則 entropy law 184

カ 行

海王星の発見 discovery of the Neptune 28
階級 hierarchy 189
階層 level 189, 265
角運動量の保存則 conservation law of angular momentum *68*, 115, 121
拡散 diffusion 169
確率振幅 probability amplitude 210, 256
確率の保存 conservation of probability 309
干渉 interference 206
慣性質量 inertial mass 14, 41
記憶変数としての場 fields as bookkeeping variables 297
逆二乗法則 inverse square law 14, 41
局所性 locality 71, 237
近似的の対称性 near-symmetry, approximate symmetry 163, 244
空間の回転 rotation in space 131
空間の連続性 continuity of the space 247, 256
空間反転 space reflection 147
偶奇性 parity 160
クェーサー quasar 111
繰り込み理論 renormalization theory 324
径路に対する確率振幅

probability amplitude for a path　305
ケプラーの法則　Kepler's law　16
元素の創成　creation of the elements　187
公理と証明　axioms and demonstrations　65
混合の過程　mixing process　169

サ 行

最小原理　minimum principle　75, 156
——と量子力学　~and quantum mechanics　77, 159
最小作用の原理　law of least action　74, 292
作用積分　action integral　157, 301
潮の満ち干　tide　24
時間のずらし　translation in time　129
時間微分の方法　time differential method　297
時間を逆にたどる電子　electron going backward in time　*298*, 317, 325
ジグソー・パズル　jigsaw puzzle　123
質量の繰り込み　renormalization of mass　315
質量保存の法則　law of mass conservation　100
尺度の伸縮　change of scale　144
重粒子数の保存　conservation of baryons　98
重力作用の模型　a model of the gravitational action　52
重力質量　gravitational mass　14, 39
重力の場　gravitational field　72
重力の法則　law of gravitation　*13*, 50, 71
重力の量子論　quantum theory of gravity　45
シュレーディンガー方程式　Schrödinger equation　196, 299
瞬時に及ぶ作用　instantaneous action　44
ストレンジネス　strangeness　99
世界線　world line　298
先進波　advanced wave　288
相対性原理　principle of relativity　93, 134, 139
相対論的な不変性　relativistic invariance　311
素粒子の同族関係　family

relations among elementary particles　234

タ 行

対称性　symmetry　125
核力の——　~of nuclear force　235
空間回転に関する——　rotation~　131
左右の反転に関する——　reflection~　147
時間のずらしに関する——　~with respect to translation in time　129
素粒子の取りかえに関する——　~with respect to substitution of elementary particles　236
同種原子の置きかえに関する——　~with respect to replacing one atom by another of the same kind　142
等速直線運動に関する——　~with respect to uniform motion　134
部分的の——　partial~　236, 257
平行移動の——　~with respect to translation in space　126, 158
粒子・反粒子の入れ替えに関する——　~with respect to particle-antiparticle conjugation　161
——の法則と保存法則　~law and conservation law　156
地球の重さはかり　weighing the earth　38
中間子論　meson theory　318
中性子の崩壊　decay of neutron　111, 155
超核子数　hyperon numbers　99
月の落下運動　the moon as a falling body　23
強い相互作用　strong interaction　236
ディラック方程式　Dirac equation　*82*, 303, 309
哲学　philosophy　12, 225, *261*, 266
電荷の局所的保存　local charge conservation　92
電気量の保存則　law of conservation of electric charge　88
電気力と重力の比　ratio of the gravitational force to the electrical force　43
電子の自己エネルギー　self-energy of electron　283

電磁波　electromagnetic wave　137
電場・磁場の角運動量　angular momentum in electric and magnetic field　117
同時刻の相対性　relativity of the simultaneity　94, 138

ナ行

ニュートリノ　neutrino　112, 155, 161, 230, 234, 241
熱エネルギー　thermal energy　108

ハ行

場　72, 294, 297
発散の困難　divergence difficulty　283
歯止めつき歯車と羽根車の仕掛　ratchet-and-pawl-and-vanes machine　177
バビロニア数学　Babylonian Mathematics　64
ハミルトニアン　Hamiltonian　301
ハミルトン式の観点　Hamiltonian view　297
反粒子　anti-particle　91, 160
非可逆性と偶然　irreversibility and the general accidents of life　171
光の速さ　speed of light　27, 137
飛来確率　probability of arrival　210
ファラデーの電気分解の法則　Faraday's law of electolysis　50
不確定性原理　uncertainty principles　219
輻射抵抗　radiation resistance　286
二つ孔の実験　experiment with two holes　199
フレンケル場　Frenkel field　294, 307
ベータ崩壊　β-decay　111, 155, 167
保存則　conservation law　86

マ行

マクスウェルの電磁場の模型　Maxwell's model of electromagnetic field　82, *249*, 326
摩擦　friction　107, 168
マッハの原理　Mach's principle　147
ミュー粒子　μ-particle　142, 234, 241
ミンコフスキー空間　Minkowski space　141
面積速度一定の法則　law of

constant areal velocity
18, 56, 69
模型　model　82, 262

ヤ 行

ユニタリー性　unitarity
309, 322
ゆらぎ　fluctuation　175

ラ 行

ラグランジアン　Lagrangian
301
ラム・シフト　Lamb shift
312
量子力学　quantum mechanics
45, 77, 193

物理法則はいかにして発見されたか
R. P. ファインマン

2001年3月16日　第1刷発行
2022年9月15日　第21刷発行

訳　者　江沢《えざわ》 洋《ひろし》

発行者　坂本政謙

発行所　株式会社 岩波書店
〒101-8002 東京都千代田区一ツ橋 2-5-5
案内 03-5210-4000　営業部 03-5210-4111
https://www.iwanami.co.jp/

印刷・精興社　製本・中永製本

ISBN 4-00-600048-0　Printed in Japan

岩波現代文庫創刊二〇年に際して

二一世紀が始まってからすでに二〇年が経とうとしています。この間のグローバル化の急激な進行は世界のあり方を大きく変えました。世界規模で経済や情報の結びつきが強まるとともに、国境を越えた人の移動は日常の光景となり、今やどこに住んでいても、私たちの暮らしは世界中の様々な出来事と無関係ではいられません。しかし、グローバル化の中で否応なくもたらされる「他者」との出会いや交流は、新たな文化や価値観だけではなく、摩擦や衝突、そしてしばしば憎悪までをも生み出しています。グローバル化にともなう副作用は、その恩恵を遥かにこえていると言わざるを得ません。

今私たちに求められているのは、国内、国外にかかわらず、異なる歴史や経験、文化を持つ「他者」と向き合い、よりよい関係を結び直してゆくための想像力、構想力ではないでしょうか。

新世紀の到来を目前にした二〇〇〇年一月に創刊された岩波現代文庫は、この二〇年を通して、哲学や歴史、経済、自然科学から、小説やエッセイ、ルポルタージュにいたるまで幅広いジャンルの書目を刊行してきました。一〇〇〇点を超える書目には、人類が直面してきた様々な課題と、試行錯誤の営みが刻まれています。読書を通した過去の「他者」との出会いから得られる知識や経験は、私たちがよりよい社会を作り上げてゆくために大きな示唆を与えてくれるはずです。

一冊の本が世界を変える大きな力を持つことを信じ、岩波現代文庫はこれからもさらなるラインナップの充実をめざしてゆきます。

（二〇二〇年一月）

岩波現代文庫[学術]

G393
不平等の再検討
―潜在能力と自由―
アマルティア・セン
池本幸生
野上裕生
佐藤　仁　訳

不平等はいかにして生じるか。所得格差の面からだけでは測れない不平等問題を、人間の多様性に着目した新たな視点から再考察。

G394-395
墓標なき草原(上・下)
―内モンゴルにおける文化大革命・虐殺の記録―
楊　海　英

文革時期の内モンゴルで何があったのか。体験者の証言、同時代資料、国内外の研究から、隠蔽された過去を解き明かす。司馬遼太郎賞受賞作。〈解説〉藤原作弥

G396
過労死・過労自殺の現代史
―働きすぎに斃れる人たち―
熊　沢　誠

ふつうの労働者が死にいたるまで働くことによって支えられてきた日本社会。そのいびつな構造を凝視した、変革のための鎮魂の物語。

G397
小林秀雄のこと
二宮正之

自己の知の限界を見極めつつも、つねに新たな知を希求し続けた批評家の全体像を伝える本格的評論。芸術選奨文部科学大臣賞受賞作。

G398
反転する福祉国家
―オランダモデルの光と影―
水島治郎

「寛容」な国オランダにおける雇用・福祉改革と移民排除。この対極的に見えるような現実の背後にある論理を探る。

2022.9

岩波現代文庫[学術]

G399
テレビ的教養
—一億総博知化への系譜—
佐藤卓己

「一億総白痴化」が危惧された時代から約半世紀。放送教育運動の軌跡を通して、〈教養のメディア〉としてのテレビ史を活写する。〈解説〉藤竹 暁

G400
ベンヤミン
—破壊・収集・記憶—
三島憲一

二〇世紀前半の激動の時代に生き、現代思想に大きな足跡を残したベンヤミン。その思想と生涯に、破壊と追憶という視点から迫る。

G401
新版 天使の記号学
—小さな中世哲学入門—
山内志朗

世界は〈存在〉という最普遍者から成る生地の上に性的欲望という図柄を織り込む。〈存在〉のエロティシズムに迫る中世哲学入門。〈解説〉北野圭介

G402
落語の種あかし
中込重明

博覧強記の著者は膨大な資料を読み解き、落語成立の過程を探り当てる。落語を愛した著者面目躍如の種あかし。〈解説〉延広真治

G403
はじめての政治哲学
デイヴィッド・ミラー
山岡龍一
森 達也訳

哲人の言葉でなく、普通の人々の意見・情報を手掛かりに政治哲学を論じる。最新のものまでカバーした充実の文献リストを付す。〈解説〉山岡龍一

2022. 9

G404
象徴天皇という物語
赤坂憲雄

この曖昧な制度は、どう思想化されてきたのか。天皇制論の新たな地平を切り拓いた論考が、新稿を加えて、平成の終わりに蘇る。

G405
5分でたのしむ数学50話
エアハルト・ベーレンツ
鈴木直訳

5分間だけちょっと数学について考えてみませんか。新聞に連載された好評コラムの中から選りすぐりの50話を収録。〈解説〉円城塔

G406
デモクラシーか 資本主義か
—危機のなかのヨーロッパ—
J・ハーバーマス
三島憲一編訳

現代屈指の知識人であるハーバーマスが、最近十年のヨーロッパの危機的状況について発表した政治的エッセイやインタビューを集成。現代文庫オリジナル版。

G407
中国戦線従軍記
—歴史家の体験した戦場—
藤原彰

一九歳で少尉に任官し、敗戦までの四年間、最前線で指揮をとった経験をベースに戦後の戦争史研究を牽引した著者が生涯の最後に残した「従軍記」。〈解説〉吉田裕

G408
ボンヘッファー
—反ナチ抵抗者の生涯と思想—
宮田光雄

反ナチ抵抗運動の一員としてヒトラー暗殺計画に加わり、ドイツ敗戦直前に処刑された若きキリスト教神学者の生と思想を現代に問う。

2022. 9

G409
普遍の再生
――リベラリズムの現代世界論――
井上達夫

平和・人権などの普遍的原理は、米国の自国中心主義や欧州の排他的ナショナリズムにより、いまや危機に瀕している。ラディカルなリベラリズムの立場から普遍再生の道を説く。

G410
人権としての教育
堀尾輝久

『人権としての教育』(一九九一年)に「「国民の教育権と教育の自由」論再考」と「憲法と新・旧教育基本法」を追補。その理論の新しさを提示する。〈解説〉世取山洋介

G411
増補版 民衆の教育経験
――戦前・戦中の子どもたち――
大門正克

子どもが教育を受容してゆく過程を、国民国家による統合と、民衆による捉え返しとの間の反復関係(教育経験)として捉え直す。〈解説〉安田常雄・沢山美果子

G412
「鎖国」を見直す
荒野泰典

江戸時代の日本は「鎖国」ではなく「四つの口」で世界につながり、開かれていた――「海禁・華夷秩序」論のエッセンスをまとめる。

G413
哲学の起源
柄谷行人

アテネの直接民主制は、古代イオニアのイソノミア(無支配)再建の企てであった。社会構成体の歴史を刷新する野心的試み。

2022. 9

G414
『キング』の時代
―国民大衆雑誌の公共性―
佐藤卓己

伝説的雑誌『キング』――この国民大衆誌を分析し、「雑誌王」と「講談社文化」が果たした役割を解き明かした雄編がついに文庫化。〈解説〉與那覇 潤

G415
近代家族の成立と終焉 新版
上野千鶴子

ファミリィ・アイデンティティの視点から家族の現実を浮き彫りにし、家族が家族であるための条件を追究した名著、待望の文庫化。「戦後批評の正嫡 江藤淳」他を新たに収録。

G416
兵士たちの戦後史
―戦後日本社会を支えた人びと―
吉田 裕

戦友会に集う者、黙して往時を語らない者……戦後日本の政治文化を支えた人びとの意識のありようを「兵士たちの戦後」の中にさぐる。〈解説〉大串潤児

G417
貨幣システムの世界史
黒田明伸

貨幣の価値は一定であるという我々の常識に反する、貨幣の価値が多元的であるという事例は、歴史上、事欠かない。謎に満ちた貨幣現象を根本から問い直す。

G418
公正としての正義 再説
ジョン・ロールズ
エリン・ケリー編
田中成明
亀本 洋
平井亮輔 訳

『正義論』で有名な著者が自らの理論的到達点を、批判にも応えつつ簡潔に示した好著。文庫版には「訳者解説」を付す。

2022.9

岩波現代文庫［学術］

G419
新編 つぶやきの政治思想
李 静和
秘められた悲しみにまなざしを向け、声にならないつぶやきに耳を澄ます。記憶と忘却、証言と沈黙、ともに生きることをめぐるエッセイ集。鵜飼哲・金石範・崎山多美の応答も。

G420-421
ロールズ 政治哲学史講義（Ⅰ・Ⅱ）
ジョン・ロールズ
サミュエル・フリーマン編
齋藤純一ほか訳
ロールズがハーバードで行ってきた「近代政治哲学」講座の講義録。リベラリズムの伝統をつくった八人の理論家について論じる。

G422
企業中心社会を超えて
―現代日本を〈ジェンダー〉で読む―
大沢真理
長時間労働、過労死、福祉の貧困……。大企業中心の社会が作り出す歪みと痛みをジェンダーの視点から捉え直した先駆的著作。

G423
増補「戦争経験」の戦後史
―語られた体験／証言／記憶―
成田龍一
社会状況に応じて変容してゆく戦争についての語り。その変遷を通して、戦後日本社会の特質を浮き彫りにする。〈解説〉平野啓一郎

G424
定本 酒呑童子の誕生
―もうひとつの日本文化―
髙橋昌明
酒呑童子は都に疫病をはやらすケガレた疫鬼だった――緻密な考証と大胆な推論によって物語の成り立ちを解き明かす。〈解説〉永井路子

2022.9

G425
岡本太郎の見た日本
赤坂憲雄

東北、沖縄、そして韓国へ。旅する太郎が見出した日本とは。その道行きを鮮やかに読み解き、思想家としての本質に迫る。

G426
政治と複数性
―民主的な公共性にむけて―
齋藤純一

「余計者」を見棄てようとする脱-実在化の暴力に抗し、一人ひとりの現われを保障する。開かれた社会統合の可能性を探究する書。

G427
増補 エル・チチョンの怒り
―メキシコ近代とインディオの村―
清水透

メキシコ南端のインディオの村に生きる人びとにとって、国家とは、近代とは何だったのか。近現代メキシコの激動をマヤの末裔たちの視点に寄り添いながら描き出す。

G428
哲おじさんと学くん
―世の中では隠されているいちばん大切なことについて―
永井均

自分は今、なぜこの世に存在しているのか？友だちや先生にわかってもらえない学くんの疑問に哲おじさんが答え、哲学的議論へと発展していく、対話形式の哲学入門。

G429
マインド・タイム
―脳と意識の時間―
ベンジャミン・リベット
下條信輔
安納令奈 訳

実験に裏づけられた驚愕の発見を提示し、脳と心や意識をめぐる深い洞察を展開する。脳神経科学の歴史に残る研究をまとめた一冊。〈解説〉下條信輔

2022. 9

G430
被差別部落認識の歴史
―異化と同化の間―
黒川みどり

差別する側、差別を受ける側の双方は部落差別をどのように認識してきたのか――明治から現代に至る軌跡をたどった初めての通史。

G431
文化としての科学/技術
村上陽一郎

近現代に大きく変貌した科学/技術。その質的な変遷を科学史の泰斗がわかりやすく解説、望ましい科学研究や教育のあり方を提言する。

G432
方法としての史学史
―歴史論集1―
成田龍一

歴史学は「なにを」「いかに」論じてきたのか。史学史的な視点から、歴史学のアイデンティティを確認し、可能性を問い直す。現代文庫オリジナル版。〈解説〉戸邉秀明

G433
〈戦後知〉を歴史化する
―歴史論集2―
成田龍一

〈戦後知〉を体現する文学・思想の読解を通じて、歴史学を専門知の閉域から解き放つ試み。現代文庫オリジナル版。〈解説〉戸邉秀明

G434
危機の時代の歴史学のために
―歴史論集3―
成田龍一

時代の危機に立ち向かいながら、自己変革を続ける歴史学。その社会との関係を改めて問い直す「歴史批評」を集成する。〈解説〉戸邉秀明

G435
宗教と科学の接点
河合隼雄

「たましい」「死」「意識」など、近代科学から取り残されてきた、人間が生きていくために大切な問題を心理療法の視点から考察する。〈解説〉河合俊雄

G436
増補 軍隊と地域
―郷土部隊と民衆意識のゆくえ―
荒川章二

一八八〇年代から敗戦までの静岡を舞台に、矛盾を孕みつつ地域に根づいていった軍が、民衆生活を破壊するに至る過程を描き出す。

G437
歴史が後ずさりするとき
―熱い戦争とメディア―
ウンベルト・エーコ
リッカルド・アマデイ訳

歴史があたかも進歩をやめて後ずさりしはじめたかに見える二十一世紀初めの政治・社会の現実を鋭く批判した稀代の知識人の発言集。

G438
増補 女が学者になるとき
―インドネシア研究奮闘記―
倉沢愛子

インドネシア研究の第一人者として知られる著者の原点とも言える日々を綴った半生記。「補章 女は学者をやめられない」を収録。

G439
完本 中国再考
―領域・民族・文化―
葛兆光
辻康吾監訳
永田小絵訳

「中国」とは一体何か？ 複雑な歴史がもたらした国家アイデンティティの特殊性と基本構造を考察し、現代の国際問題を考えるための視座を提供する。

2022.9

岩波現代文庫[学術]

G440
私が進化生物学者になった理由
長谷川眞理子

ドリトル先生の大好きな少女がいかにして進化生物学者になったのか。通説の誤りに気づき、独自の道を切り拓いた人生の歩みを語る。巻末に参考文献一覧付き。

G441
愛について
—アイデンティティと欲望の政治学—
竹村和子

物語を攪乱し、語りえぬものに声を与える。精緻な理論でフェミニズム批評をリードしつづけた著者の代表作、待望の文庫化。〈解説〉新田啓子

G442
宝塚
—変容を続ける「日本モダニズム」—
川崎賢子

百年の歴史を誇る宝塚歌劇団。その魅力を掘り下げ、宝塚の新世紀を展望する。底本を大幅に増補・改訂した宝塚論の決定版。

G443
新版 ナショナリズムの狭間から
—「慰安婦」問題とフェミニズムの課題—
山下英愛

性差別的な社会構造における女性人権問題として、現代の性暴力被害につづく側面を持つ「慰安婦」問題理解の手がかりとなる一冊。

G444
夢・神話・物語と日本人
—エラノス会議講演録—
河合隼雄
河合俊雄訳

河合隼雄が、日本の夢・神話・物語などをもとに日本人の心性を解き明かした講演の記録。著者の代表作に結実する思想のエッセンスが凝縮した一冊。〈解説〉河合俊雄

岩波現代文庫[学術]

G452
草の根のファシズム
―日本民衆の戦争体験―
吉見義明

戦争を引き起こしたファシズムは民衆が支えていた――従来の戦争観を大きく転換させた名著、待望の文庫化。〈解説〉加藤陽子

G453
日本仏教の社会倫理
―正法を生きる―
島薗進

日本仏教に本来豊かに備わっていた、サッダルマ(正法)を世に現す生き方の系譜を再発見し、新しい日本仏教史像を提示する。

2022. 9